COMPAGNIE FRANÇAISE

DES

STEAMERS TRANSATLANTIQUES

A

MACHINES PASCAL.

SOCIÉTÉ HENRY SALLE ET CIE.

Statuts reçus par Me Moiriat, Notaire à Lyon, le 5 Février 1855.

LYON.

IMPRIMERIE TYPOGRAPHIQUE ET LITHOGRAPHIQUE

DE LOUIS PERRIN,

Rue d'Amboise, 6, quartier des Célestins.

1855

MÉMOIRE.

POST-SCRIPTUM.

Le Mémoire qui précède était en cours d'impression, lorsque deux faits nouveaux sont venus révéler un accroissement notable dans les résultats, si avantageux déjà, que l'application du système Pascal attribue à l'entreprise H. Salle et Cie.

La grande machine destinée à l'Exposition est terminée et a été mise en marche. Cela a permis de faire des expériences plus précises que celles possibles avec la machine d'étude.

Il est résulté de ces expériences que :

1° La consommation de la houille sera, tout au plus, de $1^k,5$ par force de cheval et par heure, au lieu de $2^k,5$ et de $3^k,5$ portés en compte dans les calculs du Mémoire qui précède ;

2° Que le lignite, combustible aussi abondant partout, on le sait, que la houille, produit, pour la machine Pascal, des résultats au moins égaux à ceux que produit la houille de la meilleure qualité.

Traduits en chiffres, et appliqués à l'exploitation que l'entreprise H. Salle et Cie a pour objet, ces avantages augmenteront les produits nets annuels de manière à donner *aux actions*, déduction faite de tous les prélèvements prescrits par les Statuts,

LES REVENUS ANNUELS SUIVANTS :

En *hypothèse de déception*	24 fr.	p. 0/0.
Sans aucune subvention.	51 »	—
Avec modique subvention.	76 »	—

SOCIÉTÉ H. SALLE ET Cie.

STEAMERS FRANÇAIS TRANSATLANTIQUES

A

MACHINES PASCAL.

PREMIÈRE PARTIE.

I.

« La navigation à voiles est à la navigation à vapeur, comme l'an-
« cienne diligence est au chemin de fer. »

Cette équation est généralement admise comme une incontestable vérité. Si elle a tardé jusqu'à ce moment à établir sa domination sur les faits, comme elle l'a établie sur les convictions, la cause en est uniquement aux complications multiples qui compriment la vulgarisation de l'emploi de la vapeur pour la navigation.

Dans l'état actuel des choses, la substitution de la vapeur à la voile, pour la propulsion des navires, cause inévitablement d'énormes dépenses pour les machines et les chaudières, pour les navires dont à peine moitié de la capacité peut être utilisée pour transports productifs, pour la houille dont il faut des quantités énormes, pour l'entretien enfin dix fois plus coûteux que pour l'autre système de navigation.

L'emploi de la vapeur n'a pas seulement le désavantage d'être extrêmement coûteux, il présente encore de graves dangers pour la sécurité du navire et de tout ce qui y est embarqué.

Trop souvent, en effet, malgré les soins les plus attentifs, des chaudières éclatent et causent ainsi de déplorables catastrophes.

Il ne faut donc pas s'étonner si la navigation à la vapeur, tant désirée, si évidemment avantageuse par ses résultats, si ces résultats étaient moins coûteusement et plus sûrement produits, se développe avec une bien regrettable lenteur.

Depuis trente années la science, excitée par le sentiment des avantages que produirait, pour son inventeur et pour le public, l'application d'un système présentant de notables améliorations sur le système actuel, s'est évertuée à trouver de satisfaisantes améliorations. Plusieurs fois on a cru toucher au succès; mais les découvertes, acceptées d'abord avec empressement par suite du désir qu'on avait de l'avénement d'une réussite, étaient successivement reconnues présenter plus de subtilité scientifique que de réels avantages. La grande question restait encore non résolue.

Un ingénieur lyonnais, M. Pascal, après plusieurs années de pénibles travaux, de profondes études, est parvenu à réaliser enfin les plus admirables progrès.

Simplicité de mécanisme,
Combustion complète de la fumée,
Suppression de toute chaudière,
Explosions radicalement impossibles,
Economie de moitié du combustible,

Tels sont en peu de mots les résultats obtenus par M. Pascal, par sa belle invention qu'il appelle *Générateur à combustion comprimée.*

Une sommaire description de la machine Pascal fera ressortir l'évidence de ses avantages.

La machine proprement dite, les mécanismes transmettant la force impulsive créée dans les cylindres, présentent une seule différence comparativement avec les mécanismes actuellement en usage : la tige de chaque piston moteur est solidaire avec la tige du piston d'un cylindre faisant fonctions d'une machine soufflante dont l'emploi sera plus tard indiqué. L'invention de M. Pascal consiste, surtout, en une organisation tout-à-fait nouvelle du foyer.

Ce foyer, placé à l'arrière de la machine, est formé de deux cylindres conjugués ayant chacun un diamètre à peu près égal au double du diamètre du cylindre à piston moteur de la machine à laquelle ils doivent imprimer le mouvement.

Chaque foyer peut être, à volonté, isolé de son jumeau pendant son chargement en combustible.

Cette opération, qui dure à peine une minute, se fait une fois par heure pour chaque foyer, et successivement pour chacun d'eux, de manière à ce que la marche de la machine ne soit jamais interrompue.

Pendant le chargement en combustible, et pendant l'allumage primitif pour la mise en train, chaque foyer reste, selon la loi commune, en communication directe avec l'extérieur. Le peu de fumée dégagée pendant ces opérations s'échappe par un petit tuyau de tôle, semblable au tuyau servant de cheminée à un poêle domestique.

Cette communication directe avec l'extérieur cesse dès que le foyer doit fonctionner comme générateur. L'orifice servant à l'introduction du combustible est, dès-lors, hermétiquement et solidement clos, comme aussi l'orifice servant à l'extraction du peu de cendres et de scories produits par la combustion.

Les pistons mis en mouvement dans les cylindres soufflants, par leur solidarité de mouvement avec les pistons moteurs, envoient de l'air dans le foyer par deux tuyères arrivant, l'une sous la grille, pour activer la combustion de la houille, l'autre au-dessus de la grille, pour activer la combustion des gaz.

Une conduite d'une dimension exiguë envoie dans le foyer, au moyen d'un système ingénieux de pompes et avec une régularité commandée, comme pour le cylindre soufflant, par le mouvement du piston moteur, une minime partie d'eau qui se vaporise aussitôt en arrivant.

Les gaz incombustibles dilatés par la chaleur, et la vapeur d'eau, se combinent et s'accumulent sous la calotte du foyer. Ils envahissent les tiroirs et se pressent contre le piston moteur qu'ils mettent en mouvement. Le piston, propulsé dans le cylindre, cède jusqu'à ce qu'il ait mis à découvert l'issue préparée à la vapeur. Il rencontre alors l'expansion d'une nouvelle force qui le repousse à son point de départ, où la même cause, préparée pendant sa course, reproduit le même effet.

L'action de la force motrice, engendrée dans les foyers comme il vient d'être dit, est réglée par le système des tiroirs, et à double effet. La course du piston peut d'ailleurs être à détente. Tout se passe comme dans les machines à vapeur actuellement en usage.

On a compris déjà que le foyer jumeau remplissant à lui seul les fonctions de générateur de la force motrice, toute chaudière devient complètement inutile.

Il reste à démontrer comment, dans la machine Pascal, toute explosion est impossible.

Il a été expliqué que la combustion est alimentée de l'air nécessaire par deux cylindres faisant fonctions de machines soufflantes, et dont les pistons sont mis en mouvement par les pistons moteurs avec lesquels ils sont solidairement accouplés. Les cylindres soufflants sont garnis, à chacune de leurs extrémités, d'un clapet faisant office de valve. Chacun de ces cylindres est à double effet, c'est-à-dire que chaque mouvement aspire par derrière le piston, pendant qu'il comprime et envoie au foyer, par devant le piston, l'air nécessaire à la combustion.

De cette solidarité des mouvements du piston moteur et du piston soufflant, c'est-à-dire du piston qui dépense et du piston qui produit la force motrice, il résulte évidemment que cette force ne peut jamais s'accumuler dans le foyer de manière à produire surcharge, explosion. Si la dépense cessait, le piston moteur s'arrêterait, et en même temps s'arrêteraient aussi le piston soufflant et les petites pompes envoyant dans le foyer l'eau nécessaire à la création de la vapeur. Dès-lors il n'y aurait aucune production de vapeur dans le foyer; la machine s'arrêterait naturellement, simplement, le plus innocemment du monde.

On vient de reconnaître que la machine Pascal présente, comme il avait été dit :

Simplicité de mécanisme,
Suppression de toute chaudière,
Impossibilité d'explosion.

Il n'est pas besoin de démontrer que la fumée est complètement brûlée; le tuyau d'échappement de la vapeur ne laisse sortir qu'un jet de vapeur d'eau, sans trace de suie, sans aucun de ces petits corps sphéroïdes dont le contact humide est si désagréable quand, avec les machines actuelles, l'air apporte des atomes de vapeur sortant des cheminées en mélange avec des parcelles de suie plus désagréables encore.

Deux mots suffiront pour démontrer l'économie de combustible que donne la machine Pascal.

La science a reconnu que 60 à 65 pour 0/0 de calorique fuient par les cheminées des machines à vapeur actuelles, et sont ainsi complètement perdus. La machine Pascal n'ayant point de cheminée évite cette perte; tout se convertit en calorique; tout le calorique obtenu par la combustion est utilisé comme cause de propulsion.

Cet exposé, tout sommaire qu'il soit, est saisissant. Les vérités qu'il met en relief sont tellement rationnelles qu'elles se font admettre sans qu'il soit besoin de voir la machine qui les produit. Cela est si simple que cela est de suite compris.

II.

Les avantages généraux qui viennent d'être indiqués profitent à tous les emplois quelconques de la machine Pascal. Mais l'application de cette admirable machine à la navigation produit des avantages spéciaux de la plus importante valeur.

L'impossibilité absolue d'explosion qui résulte de la suppression des chaudières est une amélioration puissante qui, seule déjà, suffirait pour préconiser la machine Pascal.

Cette suppression des chaudières a une autre conséquence non moins heureuse. Beaucoup de personnes ignorent que, pour un steamer d'une certaine puissance, il faut plusieurs chaudières, et plusieurs foyers pour chaque chaudière. Un exemple, pris sur un des plus puissants steamers de notre marine militaire, donnera la mesure de cette multiplicité. Le *Napoléon* est armé de machines ayant une puissance de 1,200 chevaux. Ces machines sont servies par huit chaudières. Ces chaudières sont chauffées par quarante fourneaux, cinq fourneaux par chaudière.

Quarante fourneaux toujours ouverts contre *deux* foyers toujours fermés!

N'exprime-t-on pas bien ce contraste en disant quarante chances d'incendie contre point !...

Inutile d'insister; il suffit de formuler la comparaison.

On vient de reconnaître, en frémissant peut-être, les terribles et incessants dangers d'incendie résultant de cette multiplicité de fourneaux nécessités par le système actuel.

Ces nombreux brasiers, constamment activés par des escouades de chauffeurs, convertissent l'intérieur des steamers en étuves compromettantes pour la santé des mécaniciens et des chauffeurs, fatigantes pour tous les autres embarqués.

Les foyers servant les machines Pascal sont exempts de tous ces inconvénients.

Ces foyers ont une forme cylindrique, et sont au nombre de deux seulement par machine. Chaque foyer est toujours hermétiquement fermé, sauf le court espace de temps nécessaire pour le recharger en combustible, soit une minute environ par chaque heure. De plus, pour éviter tout rayonnement, chaque foyer est entouré d'une chemise en bois retenant une garniture de matière réfractaire qui repousse toute émanation de calorique.

La dimension de chacun de ces foyers est d'ailleurs tellement réduite, que leur influence sur la température de la chambre des machines ne peut avoir de valeur notable.

L'accroissement du diamètre de chaque foyer, selon que la force de la machine au service de laquelle il doit contribuer devient plus considérable, a lieu dans une proportion relative à peu près égale à celle de l'accroissement du diamètre du cylindre-moteur, dont les dimensions sont, d'ailleurs, égales à celles du cylindre-moteur d'une machine actuelle de pareille force.

Voici quelques exemples des diamètres des cylindres-moteurs et des foyers d'une machine Pascal, selon la force d'une machine :

FORCE d'une MACHINE PASCAL.	DIAMÈTRES DE CHACUN	
	DES DEUX CYLINDRES-MOTEURS.	DES DEUX FOYERS.
4 chevaux-vapeur.	0, 50	0, 57
40 »	0, 58	1, »
400 »	1, 15	1, 96

Les deux foyers nécessaires pour le service d'une machine Pascal, de la force de 400 chevaux-vapeur, auraient ensemble, tout au plus, une capacité de 10 mètres cubes.

L'ensemble des générateurs de vapeur, soit les 4 chaudières et 16 foyers nécessaires pour le service d'une machine à vapeur *actuelle* d'une force nominative de 400 chevaux, aurait les dimensions suivantes :

Hauteur	2m 75
Longueur.	7 50
Largeur	12 »
Total en mètres cubes	247 »

Ainsi, 2 foyers fermés au lieu de 16 fourneaux toujours ouverts, emplacement de 10 mètres cubes occupé, seulement, au lieu de 247 mètres cubes, telles sont les différences saisissantes entre les deux systèmes, telle est l'éminente supériorité du système Pascal sur le système actuel.

Ce n'est pas tout :

Les cylindres soufflants remplissent les fonctions d'un ventilateur permanent. Ces cylindres aspirent, en effet, constamment, dans la chambre des machines, l'air ambiant qu'ils envoient dans le foyer, d'où les parties de cet air qui ne sont pas combustibles sont envoyées à l'extérieur du navire par le tuyau d'échappement de la vapeur.

Ainsi la machine Pascal :

Non-seulement évite les dangers d'incendie,

Non-seulement évite la chaleur nuisible que dégagent les machines actuelles,

Mais, encore, crée un véritable, un puissant ventilateur que l'on peut, à volonté, faire agir sur toutes les parties du navire, au grand profit de la santé de ses habitants et de la conservation des marchandises.

On peut ajouter encore à cette nomenclature, si riche déjà, des avantages que présente la machine Pascal, deux observations très importantes au point de vue militaire.

L'installation de cette machine peut être faite à telle profondeur que ce soit dans le navire, à fond de cale, par exemple, c'est-à-dire au-dessous de la ligne de flottaison, ce qui préservera la machine contre l'atteinte des boulets ennemis.

Dans le système actuel, tout steamer révèle au loin sa présence par une longue traînée de fumée pendant le jour, par une incessante émission d'étincelles pendant la nuit. La machine Pascal n'émet ni fumée ni étincelles. Un steamer muni d'une telle machine ne donne pas plus d'indice de son voisinage qu'un simple navire à voiles.

Les divers mérites qui viennent d'être indiqués sont précieux, sans doute, mais ils touchent seulement à la sécurité, à la santé, au bien-être des embarqués à bord d'un steamer, et cela ne suffirait pas pour en vulgariser l'emploi et surtout pour encourager la propagation de la navigation à la vapeur. Heureusement la machine Pascal présente, sous le rapport financier, des avantages non moins précieux que sous le rapport d'hygiène et de sécurité.

Cette machine produit, en effet, des profits notables comparativement avec le système actuel, soit par des économies immédiates, soit par des augmentations de recettes. En voici la sommaire indication :

ÉCONOMIES SUR LES DÉPENSES D'ÉTABLISSEMENT,

Par simplicité de mécanisme;
Par suppression des chaudières;
Par suppression des grandes et si coûteuses cheminées.

ÉCONOMIES SUR LES DÉPENSES ANNUELLES,

Par exemption des dépenses d'entretien et de renouvellement des chaudières ;

Par économie de 50 p. 0/0 de combustible que donne, au moins, l'utilisation de tout le calorique produit.

AUGMENTATION DE RECETTES,

Par utilisation, pour transporter des marchandises produisant du fret, des emplacements ou charges que rendent disponibles l'économie de la houille et la suppression des chaudières.

Les calculs suivants, appliqués à l'exploitation que la Société H. Salle et Cie a pour objet, traduisent en chiffres ces économies et en font ainsi apprécier l'étonnante valeur.

Ces calculs supposent que, contrairement à son intention, la Société H. Salle ferait construire des steamers qui auraient un tonnage total égal à celui des steamers de 400 ou de 160 chevaux actuellement en usage, et qui, dès-lors, donneraient pour leur même coût, comme coque et armement, un *portage productif* bien plus considérable que les steamers actuels de pareil tonnage total.

ÉCONOMIES SUR LE COUT D'ÉTABLISSEMENT.

La simplicité du mécanisme de la machine servant à transmettre le mouvement est telle, que le coût d'établissement serait probablement inférieur à celui de semblable partie de la machine actuelle.

La suppression de la chaudière produit une économie très notable.

Les règlements administratifs exigent que toutes les chaudières employées pour la navigation soient en cuivre ou en tôle. Le coût minimum de ces chaudières est de 400 fr. par force de cheval, accessoires compris.

La Société H. Salle et Cie aura, pour le matériel flottant strictement nécessaire au début de son service, matériel qui devra certainement subir bientôt une augmentation notable par suite de l'immanquable développement de ses opérations :

22 steamers de 400 chevaux, soit ensemble 8,800 chevaux.
4 — de 160 — — 640 —

En tout 9,440 chevaux.

A 400 fr. de coût proportionnel par cheval-vapeur, les chaudières, *dont le système Pascal évite le coût* à cette Société, auraient nécessité, par le système actuel, une première dépense d'établissement de . . . . 3,770,000 fr.

Ce profit important est peu, cependant, en présence de ceux que la machine Pascal produit pour le budget annuel de cette même Société.

ÉCONOMIES OU PROFITS ANNUELS.

1re Subdivision.

Suppression de Dépenses.

La suppression des chaudières a pour conséquence la suppression des dépenses annuelles pour intérêt, entretien et amortissement du coût des chaudières.

On vient de voir que la Société H. Salle et Cie obtiendra, par la suppression des chaudières, une économie de frais de premier établissement s'élevant à. . . . . 3,770,000 fr.

L'intérêt 5 p. 0/0 sur cette somme serait . . . . 188,000 fr.

Le rapport officiel de la Commission d'enquête sur la marine française, présidée par M. Dufaure, en 1851, constate qu'une chaudière à vapeur de steamer est considérée comme hors de bon service après 500 jours de navigation active. Cela suppose une durée moyenne de deux années. C'est donc se mettre bien au-dessous des probabilités, que d'évaluer à quatre années la durée d'une chaudière à vapeur de steamer.

Sur cette base, et en calculant seulement à 25 p. 0/0 la dépense annuelle nécessaire pour l'entretien continu et le renouvellement quadriennal des chaudières, on trouve une somme de . . . . 942,000 fr.

La suppression des chaudières vaut donc à la Société H. Salle et Cie une *économie annuelle* de. . . . . 1,130,000 fr.

L'économie de combustible ajoute notablement à ces avantages.

Les services de navigation exploités par la Société H. Salle et Cie se divisent en trois catégories :

La première comprend la navigation entre la France et les pays outre-mer, payant la houille en moyenne 45 fr. la tonne.

La seconde comprend la navigation de grand cabotage entre Marseille et le Hâvre, payant la houille 35 fr. la tonne.

La troisième comprend la navigation dans la mer des Antilles, payant la houille 50 fr. la tonne.

Le Tableau A, ci-annexé, démontre que la navigation active est, par année,

Pour la	1re	catégorie,	81,216	heures.
—	2me	—	5,184	—
—	3me	—	12,960	—

L'emploi du système Pascal produira une économie de combustible s'élevant, au moins, à 50 p. 0/0.

Les machines actuelles brûlent au moins 4 kilog. de houille par cheval-vapeur et par heure; souvent même la combustion s'élève à 6 et même à 7 kil. Les machines à système Pascal brûleront 2 kil. La différence produirait donc une économie comparative, de combustible, de 2k,5 à 4k,5 par heure et par cheval-vapeur. Nous évaluerons cependant, pour plus d'exactitude, cette économie seulement à 2 kil., soit au-dessous du minimum.

Sur cette base, la Société H. Salle et Cie réaliserait, dans l'hypothèse que nous examinons, les économies de dépense dont voici les calculs :

PREMIÈRE CATÉGORIE.

81,216 heures de navigation active par année, à 2 kilogrammes économie par cheval-vapeur et par heure, donnent annuellement 162,432 kilogrammes par cheval,

Soit, pour 400 chevaux, 64,972,800 kilogrammes houille qui, comptés pour 64,972 tonnes, à 45 fr. la tonne,

Font une somme annuelle de. . . . . 2,923,000 fr.

DEUXIÈME CATÉGORIE.

5,184 heures de navigation active par année, à 2 kilogrammes économie par cheval-vapeur et par heure, donnent annuellement 10,368 kilogrammes par cheval,

Soit, pour 400 chevaux, 4,147,200 kilogrammes houille qui, comptés pour 4,147 tonnes, à 35 fr. la tonne,

Font une somme annuelle de . . . . 145,000 fr.

TROISIÈME CATÉGORIE.

12,960 heures de navigation active par année, à 2 kilogrammes économie par cheval-vapeur et par heure, donnent annuellement 25,920 kilogrammes par cheval,

Soit, pour 160 chevaux, 4,147,200 kilogrammes houille qui, comptés pour 4,147 tonnes, à 50 fr. la tonne,

Font une somme annuelle de . . . . 207,000 fr.

Aux motifs d'économie qui viennent d'être exposés en ce qui concerne la consommation du combustible, il faudrait ajouter encore l'économie sur le coût du combustible resté nécessaire, si, comme l'a conseillé un savant éminent, l'on substituait, avec avantage comme emploi, le lignite ou l'anthracite à la houille. Cette substitution donnerait une économie de 20 fr. par tonne employée. La quantité annuellement employée par la Société H. Salle pouvant être environ 90,000 tonnes de combustible, il y aurait, de chef, au profit de cette Société, une économie annuelle de. . . . . 1,800,000 fr.

Mais, comme nous voulons maintenir nos appréciations dans les limites de la plus incontestable vérité, nous mentionnons ici, seulement pour mémoire, cette économie sur laquelle l'expérience n'a pas encore prononcé.

L'économie sur le combustible produirait donc :

Première catégorie des steamers H. Salle et Cie.			2,923,000 fr.
Deuxième	—	— —	145,000 »
Troisième	—	— —	207,000 »
Economie sur le coût du combustible. 1,800,000 fr. (*mémoire*).		»	»
Total par année			3,275,000 fr.

Résumé des Profits annuels produits par la première Subdivision.

Par suppression des chaudières		1,130,000 fr.
Par économie de consommation de combustible.		3,275,000 »
Economie sur le coût du combustible. 1,800,000 fr. (*mémoire*).	»	»
Total par année (1re subdivision)		4,405,000 fr.

2me SUBDIVISION.

Augmentation de Recettes.

Le premier motif des profits annuels afférents à cette subdivision proviendrait de l'utilisation, pour *portage productif*, des emplacements rendus disponibles par la suppression des chaudières.

La Société H. Salle et Cie percevra deux prix différents de fret pour ses steamers :

1° L'un, de 60 fr. par tonne, afférent à

18 steamers de 400 chevaux-vapeur faisant ensemble 84 voyages, soit 168 traversées par année, et représentant ainsi, à raison de 400 chevaux par traversée,

Pour la catégorie du fret, à 60 fr., un total de 67,200 chevaux-vapeur.

2° L'autre prix de 30 fr. par tonne, afférent à

Deux grands steamers de 400 chevaux faisant ensemble, chaque année, 24 voyages, soit 48 traversées, et représentant ainsi, à raison de 400 chevaux-vapeur par traversée . . . . 19,200 chevaux.

Trois moyens steamers de 160 chevaux faisant ensemble, chaque année, 36 voyages, soit 72 traversées, et représentant ainsi, à 160 chevaux par traversée . . . . 11,500 »

Total pour la catégorie du fret, à 30 fr. . . . 30,700 chevaux.

On compte le poids d'une chaudière pleine et de ses accessoires à raison de 500 kilogrammes, soit une demi-tonne par cheval-vapeur. En évaluant sur cette base la capacité des emplacements dont la suppression des chaudières permettra à la Société H. Salle et Cie de disposer pour charger de la marchandise payant fret, on a les résultats suivants :

CHEVAUX-VAPEUR utilisés pour NAVIGATION D'UNE ANNÉE.	A DEMI-TONNE PAR CHEVAL. — TONNES.	PRIX DU FRET PAR TONNE.	PRODUIT.
67,200 chev.	33,600 ton.	60 fr.	2,016,000 fr.
30,700	15,300	30	459,000
Profit *annuel* total, *de ce chef*. . . .			2,475,000 fr.

A ce chiffre, il faut ajouter celui résultant de la charge rendue disponible par l'économie du combustible.

Les calculs qui précèdent ont démontré que cette économie doit s'élever à un poids de 73,000 tonnes de houille.

Le tableau B annexé à cette note fait connaître que, sur ce tonnage total,

150/220 obtiendront un fret de 60 fr. par tonne;
70/220 — — 30 —

Sur ces bases, la Société H. Salle et Cie réalisera, du chef qui nous occupe, les recettes suivantes :

150/220 soit 49,000 tonnes à 60 fr.	2,940,000 fr.
70/220 soit 24,000 tonnes à 30 fr.	720,000 »
Total égal. 73,000 tonnes, donnant.	3,660,000 fr.

Résumé des Profits annuels produits par la deuxième subdivision.

Par utilisation des emplacements des chaudières supprimées	2,475,000 fr.
Par utilisation des emplacements du combustible économisé.	3,660,000 »
Total pour la deuxième subdivision, *par année* .	6,135,000 fr.

RÉSUMÉ GÉNÉRAL.

En réunissant les profits *annuels* que le système Pascal donnerait à la Société H. Salle et Cie, par les divers motifs qui viennent d'être exposés, et *dans l'hypothèse de maintien des dimensions actuelles* des steamers, on a le résultat général suivant :

Profits par économie de dépenses	4,405,000 fr.
— par augmentation de recettes.	6,135,000 »
Profit total, *par année*	10,540,000 fr.

Ces chiffres n'ont pas besoin de commentaires.

Et pourtant, d'autres motifs pourraient venir ajouter encore à l'influence de ces chiffres pour faire valoir le système Pascal !

Ainsi, par exemple, ayant un nombre minime de foyers qui sont d'un service simple et facile, puisqu'il suffit seulement d'introduire le combustible dans chacun d'eux toutes les heures, et qui sont exempts d'émanations caloriques suffocantes, puisqu'ils sont hermétiquement fermés et revêtus d'une chemise empêchant le rayonnement, le système Pascal permet d'avoir un très petit nombre de chauffeurs, comme aussi, vu la simplicité de son mécanisme, il exige moins d'attention assidue et moins de science même de la part des mécaniciens.

Tout cela se traduit en sécurité et en économie.

Ce n'est pas tout :

Un simple tuyau de poêle, semblable à celui de la cuisine, suffisant pour l'évacuation du peu de fumée que laissent dégager les foyers quand on les allume ou quand on les charge, le steamer est débarrassé de l'énorme ou plutôt des énormes cheminées qui, actuellement, gênent pour l'installation et pour la manœuvre du système de propulsion à la voile. Point ou presque point de suie, aucun danger d'incendie, liberté complète d'emplacement sur le pont; dès-lors, facilité la plus large d'installer un service complet de voiles; dès-lors, et véritablement, des steamers à système mixte, avec tous les avantages, avec toutes les économies de ce système.

Encore une dernière observation :

Dans le système actuel des machines à vapeur, lorsque le capitaine veut profiter d'un vent favorable pour marcher à la voile et pour économiser la vapeur, il est presque jtouours forcé d'ordonner au mécanicien de suspendre la génération de ce moteur. Le mécanicien est alors obligé de lâcher sa vapeur, et de laisser ralentir ou éteindre ses nombreux foyers. Dès-lors, l'eau contenue dans les chaudières se refroidit; et quand, plus ou moins tôt, le capitaine, privé de l'impulsion du vent, veut reprendre l'emploi de la vapeur, il faut perdre beaucoup de temps et beaucoup de combustible pour réchauffer l'eau, pour reproduire l'ébullition et pour remettre la machine en mouvement.

Cet inconvénient si grave disparaît par l'emploi du système Pascal.

Lorsque le capitaine veut marcher uniquement à la voile, pour profiter d'un bon vent, il donne l'ordre de suspendre l'action de la vapeur. Dès-lors, le mécanicien fait tout simplement ouvrir, à la fois, l'orifice servant à l'introduction du charbon et celui servant à l'extraction des cendres et scories. Le foyer se réduit instantanément au simple rôle d'un poêle domestique, la consommation de la houille est presque nulle, et cependant tout l'appareil se maintient chaud, prêt à fonctionner, au point que, cinq minutes après que le commandement : *machine en avant*, a été lancé par le capitaine, ce commandement est obéi et le steamer court à pleine vapeur.

On peut donc, avec toute raison, dire que la machine Pascal est venue assurer à l'emploi de la vapeur pour la navigation et pour tous les besoins industriels des progrès immenses, des avantages inappréciables, une certaine et immédiate vulgarisation.

Et cette belle machine n'est pas à l'état de projet, de théorie, de raisonnement scientifique. Elle existe, elle fonctionne utilement depuis un an. Une machine de 40 chevaux est faite et ira mettre en relief, à la prochaine exposition, les étonnants résultats de cette admirable invention.

III.

Après avoir démontré les nombreux et importants avantages présentés par l'emploi de la machine Pascal, il faut démontrer combien l'organisation de la Société H. Salle et Cie est bien combinée pour tirer, de ces avantages, le meilleur parti possible.

L'idée première, toutes les combinaisons, tous les détails de cette organisation, aussi bien que cette organisation elle-même, sont l'œuvre de M. H. Salle, Directeur général de la Société nouvelle.

Principal chef d'une maison de commerce honorablement placée parmi les armateurs notables de Marseille, M. Salle a établi depuis lougtemps, avec l'Amérique centrale et les Antilles, de nombreuses et solides relations commerciales. Cette position l'a mis à même d'apprécier, mieux que beaucoup d'autres, les fâcheuses entraves comprimant le développement du commerce maritime de la France, qui contient cependant en lui-même tous les germes du plus large succès. Frappé de cette regrettable situation, M. Salle a cherché, dans l'intérêt du commerce en général, aussi bien que dans l'intérêt de ses propres affaires, quels moyens pourraient améliorer l'état de choses actuel. M. Salle eut bientôt reconnu que la même cause qui contribue si puissamment à la prospérité commerciale de l'Angleterre, c'est-à-dire la vulgarisation de la navigation à la vapeur, devrait produire aussi les plus heureux effets pour l'accroissement de la prospérité commerciale de notre pays; car ce que l'on veut aujourd'hui, surtout et avant tout, c'est à la fois la célérité et la régularité dans les transports, comme dans les communications. Mais M. Salle fut forcé de reconnaître en même temps que, malheureusement, la France ne possède pas encore, comme l'Angleterre, cette abondance de relations et de transactions, cet immense mouvement de marchandises, éléments indispensables, alimentation nécessaire pour fournir fructueusement à une large mais coûteuse navigation à la vapeur. Le développement de la navigation à la vapeur se présentait donc comme le plus puissant moyen d'activer et d'assurer, en France, le développement du commerce extérieur. Mais, en même temps que surgissait cette vérité de plus en plus saisissante, surgissait aussi cette autre décourageante vérité, que la navigation actuelle à la vapeur est tellement coûteuse, et dans des conditions tellement défavorables, que son emploi deviendrait plutôt dommageable qu'avantageux pour ceux qui voudraient en tenter la vulgarisation.

M. Salle était sous l'influence de ces préoccupations lorsque, dans un récent voyage à Lyon, il apprit qu'un ingénieur de cette ville, M. Pascal, avait inventé et se proposait d'exhiber à l'exposition prochaine un nouveau système de génération de vapeurs motrices, présentant de notables avantages, parmi lesquels figuraient en première ligne une économie de 50 p. 0/0 de combustible, la suppression des chaudières à vapeur actuellement en usage, et, enfin, l'impossibilité d'explosion.

L'attention de M. Salle fut vivement excitée par cette information. Admis à visiter la machine Pascal, M. Salle comprit de suite les immenses avantages que la navigation devait retirer de l'emploi de cette admirable invention. Dès-lors la solution qu'il cherchait lui parut trouvée. Ses idées se fixèrent. Les plans depuis longtemps élaborés par lui, pour l'organisation et l'exploitation de quelques grandes lignes de navigation à la vapeur et de commerce, furent mis en harmonie avec le nouvel élément de succès si heureusement trouvé. M. Salle entra ensuite en négociation avec la Société Pascal, pour acquérir le droit exclusif d'employer la machine Pascal sur les lignes dont il avait étudié et résolu l'exploitation; il conclut des traités lui assurant, pour toute la durée du brevet Pascal, le droit qu'il ambitionnait.

Tel est, en peu de mots, l'historique des causes premières de l'organisation de la Société H. Salle et Cie.

Voici maintenant l'exposé des moyens d'action et du plan d'opérations de cette Société.

L'avantage du système des associations pour les grandes entreprises a été, bien longtemps, incompris en France. A présent même encore, ce système, si fécond pourtant en prodigieux succès, a de la peine à se vulgariser. Son action bienfaisante semble circonscrite à certaines entreprises, telles que les chemins de fer, les exploitations de navigation sur les fleuves ou dans la Méditerranée, les exploitations de mines et quelques établissements métallurgiques, et, enfin, les usines à gaz. Il n'y a pas, que nous sachions, d'exemple d'une grande Compagnie organisée en France pour une vaste et intelligente exploitation de commerce extérieur; et cependant, les succès merveilleux de la Compagnie anglaise des Indes, les brillants résultats obtenus par la Compagnie commerciale néerlandaise, démontrent quels riches profits de telles entreprises peuvent facilement obtenir.

M. Salle a eu l'idée de combiner, en une seule organisation homogène, une association ayant pour objet d'établir, entre la France et quelques pays étrangers soigneusement choisis, des lignes de navigation active et régulière à la vapeur, des relations commerciales d'échange réciproque de marchandises, et des opérations de colonisation.

Mais, tenant compte des soins spéciaux qu'exigeaient les grands services de navigation qu'il allait organiser, M. Salle résolut de placer en seconde ligne, et seulement comme complément utile, l'exploitation des marchandises et les autres opérations. L'entreprise a donc été surtout combinée en vue des services de transports maritimes des choses et des personnes par steamers réguliers : c'est là son objet principal. La Société H. Salle et Cie s'occupera cependant aussi de la marchandise, mais accessoirement, pour compléter ses chargements, et encore s'efforcera-t-elle de recevoir cette marchandise à titre de consignation, soit en transit, soit pour vendre pour le compte des expéditeurs. Elle fera le plus rarement possible des opérations pour son compte personnel.

Chacune de ces exploitations, soit de transport proprement dit de la marchandise, soit et en même temps les opérations sur la marchandise, même à titre de transit ou à titre de consignation, ou par achats ou ventes, ont été concentrées sous une seule et même direction par l'organisation combinée par M. Salle.

Possédant son siége social principal à Paris, ce cerveau de la France, ayant une succursale au Hâvre et une succursale à Marseille, c'est-à-dire dans les deux ports français principaux, représentée enfin par des établissements spéciaux ou par des agences secondaires sur les marchés maritimes les plus importants dans les Antilles françaises et de l'étranger, la Société nouvelle disposera des plus puissants moyens de réussite et de profits.

Cette organisation spéciale lui assure, dès le début, une certitude absolue d'avoir toujours plein chargement à chaque traversée. La marchandise à transporter pour autrui ne sera plus pour elle une nécessité inexorable, ses représentants ou ses agents lui préparant dans chaque port, avant l'arrivée de chaque steamer, un complément de chargement, soit en marchandises en transit, soit en marchandises à elle adressées en consignation pour qu'elle en fasse opérer la vente à destination pour compte des envoyeurs, soit enfin en marchandises pour son propre compte quand il y aura évidents avantages à de telles opérations.

La Société nouvelle, soigneusement et utilement renseignée par ses agents et par ses nombreuses relations, établie à la source du mouvement des affaires par la permanence de son Directeur général à Paris, devra certainement opérer avec plus de succès que la maison du Hâvre ou de Marseille la plus heureusement placée. Pour compléter ces éléments de succès, M. Salle a eu l'ingénieuse idée d'acquérir le droit d'une ligne de navigation de grand cabotage, avec escales, entre Marseille et le Hâvre, et réciproquement; si bien que, moyennant un léger supplément ajouté au prix du fret, tout steamer chargeant outre-mer, pour le Hâvre ou pour Marseille, pourra prendre marchandise pour telle destination que ce soit sur la ligne de grand cabotage entre ces deux ports. La prévoyance de M. Salle a, d'ailleurs, pourvu à ce qu'une telle circonstance n'apportât aucune perturbation dans la régularité des services de longue navigation. Un steamer au moins de rechange, tenu en réserve pour remplacer tout steamer à mettre en réparation ou tout steamer accidentellement détourné de son service transatlantique, serait toujours dans chaque port en immédiate disponibilité.

L'entreprise que la Société H. Salle et Cie a pour objet, est donc combinée avec une minutieuse attention et parfaitement organisée. Elle possède tous les éléments capables de lui assurer les plus brillants résultats.

Des calculs consciencieusement établis démontrent qu'il n'y a rien d'exagéré dans la qualification qui vient d'être donnée aux résultats que peut, que doit espérer la Société H. Salle et Cie. Ces résultats sont d'autant plus précieux qu'ils ressortent de l'essence même de l'entreprise; il n'est pas besoin que la bienveillance du Gouvernement intervienne pour en assurer la réalisation. Et, cependant, la Société H. Salle et Cie pourra, avec toute raison, demander et obtenir une subvention du trésor public pour les services éminents qu'elle pourra rendre au Commerce français et au Gouvernement.

Depuis vingt années on réclame avec insistance la création de services réguliers de steamers transatlantiques pour les besoins du Commerce français.

Plusieurs tentatives ont été successivement faites. Tout récemment encore, la sollicitude active du Gouvernement a voulu donner une solution à cette question si intéressante ; mais les tentatives ont échoué, à cause surtout des énormes subventions que ces entreprises auraient nécessitées, afin de les dédommager, par une compensation pécuniaire, des charges si lourdes qu'impose le système actuel de navigation à la vapeur. Nous restons donc ainsi toujours tributaires des steamers anglais, au grand préjudice de nos intérêts commerciaux.

Mais, au lieu des 24 millions, des 18 millions de subvention annuelle demandés jusqu'à ce jour au Gouvernement pour l'établissement des services réguliers de steamers transatlantiques, la Société H. Salle et Cie pourra rendre à l'Etat et au Commerce français les mêmes services moyennant une subvention annuelle de 12, de 10 millions, de moins encore peut-être.

Il est probable, sinon certain, que des conditions si avantageuses, si impossibles pour toute autre entreprise, détermineront le Gouvernement à subventionner la Société H. Salle et Cie, et à doter ainsi le Commerce français d'une amélioration tant et depuis si longtemps désirée.

L'Etat, le Commerce français et la Société H. Salle et Cie ont simultanément avantage à une telle transaction; elle doit donc nécessairement avoir lieu.

Tout concourt ainsi à démontrer que les combinaisons de M. Salle, aidées du puissant appui que vient leur donner le monopole qu'il s'est assuré de la machine Pascal, pour les lignes de navigation qu'il veut exploiter, donneront à la Société H. Salle et Cie les plus satisfaisants succès.

Tableau A.

Nombre des heures de navigation active par année.

LIGNES.	NOMBRE DE JOURS DE NAVIGATION POUR 1 STEAMER. 1 TRAVERSÉE. (Jours.)	1 VOYAGE. (Jours.)	NOMBRES par année. Voyages.	Jours.	NOMBRE de STEAMERS	NAVIGATION ACTIVE par année, NOMBRES DES (Jours.)	(Heures.)
1re CATÉGORIE. *(Steamers de 400 chevaux.)*							
Antilles	19	38	6	216	4	864	20,736
New-York	14	28	6	168	2	336	8,064
New-Orléans. . .	26	52	3	156	4	624	14,976
Brésil	25	50	4	200	6	1,200	28,800
Sénégal	15	30	6	180	2	360	8,640
						Total des heures par année.	81,216
2me CATÉGORIE. *(Steamers de 400 chevaux.)*							
Grand Cabotage .	9	18	12	108	2	216	5,184
3me CATÉGORIE. *(Steamers de 160 chevaux.)*							
Jamaïque	»	12	12	144	1	144	3,456
Chagres	»	14	12	168	1	168	4,032
Vera-Cruz	»	19	12	228	1	228	5,472
						Total des heures par an.	12,960

Tableau B.

Calcul de répartition du Tonnage productif en fret de 60 francs et de 30 francs par Tonne.

LIGNES.	VOYAGES PAR ANNÉE et par steamer.	NOMBRE de STEAMERS.	VOYAGES TOTAUX par année.	TONNAGE UTILE de chaque steamer par voyage.	TONNAGES utiles TOTAUX par année.
1re CATÉGORIE. *(Fret à 60 francs la Tonne.)*					
Antilles	6	4	24	1,800	43,200
New-York	6	2	12	1,800	21,600
New-Orléans.	3	4	12	1,800	21,600
Brésil	4	6	24	1,800	43,200
Sénégal	6	2	12	1,800	21,600
		18	84		151,200
2me CATÉGORIE. *(Fret à 30 francs la Tonne.)*					
Grand Cabotage . . .	12	2	24	1,800	43,200
Mer des Antilles . . .	12	3	36	700	25,200
					68,400

RÉSUMÉ.

1re CATÉGORIE.	Fret à 60 fr.	151,200 tonnes.	. . . . soit	150/220
2e —	Fret à 30 fr.	68,400 —	. . . . soit	70/220
		220		220/220

SOCIÉTÉ H. SALLE ET Cie.

STEAMERS FRANÇAIS TRANSATLANTIQUES

A

MACHINES PASCAL.

DEUXIÈME PARTIE.

Après avoir mis en relief les avantages que donne l'emploi de la machine Pascal pour la navigation, après avoir fait connaître les bases générales de la grande et belle entreprise combinée par M. H. Salle, il faut exposer les détails intimes de l'organisation et démontrer les profits probables de l'entreprise elle-même.

Ce travail se divise nécessairement en deux parties bien distinctes, quoique nécessairement dépendantes l'une de l'autre :

1° Les chiffres ou calculs ;
2° Les raisonnements qui en sont les motifs ou la justification.

Les calculs et chiffres, classés par chapitres spéciaux, forment la troisième partie de ce Mémoire.

Cette troisième partie est précédée par les raisonnements qui la justifient.

Pour faciliter l'examen auquel ils peuvent donner lieu et leur rapprochement avec les calculs qu'ils ont pour objet, ces raisonnements sont subdivisés en chapitres se rapportant, chacun, à un chapitre identique de ces calculs.

CHAPITRE PREMIER.

CAPITAL.

La *Compagnie française des steamers transatlantiques à machines Pascal* sera, tout d'abord, constituée en Société anonyme. Mais, en attendant l'homologation de ses Statuts, et afin de pouvoir arriver plus tôt à bonne exploitation en commandant de suite son matériel de navigation, cette Compagnie commencera ses opérations sous le système temporaire de Société en commandite, en suite d'une disposition transitoire ajoutée à ses Statuts, et sous la raison sociale provisoire : *H. Salle et Cie*.

Les évaluations des diverses dépenses ou emplois de fonds nécessaires pour la constitution et la bonne marche de l'affaire s'élèvent, selon le chapitre qui nous occupe, à . . . . 35,000,000 fr.

La Société H. Salle et Cie devra donc pouvoir disposer de 35 millions pour son exploitation complète. Elle obtiendra cette somme en émettant :

1° 50,000 obligations de 300 fr. chacune portant 15 fr. d'intérêt annuel et remboursables par 500 fr. en 47 années, par une dotation annuelle de 5 fr. par obligation, avec intérêts composés ;

2° 40,000 actions de 500 fr. chacune, remboursables en 67 années, par une dotation annuelle de 0, 20 cent. p. 0/0 avec intérêts composés.

Les 50,000 obligations donneront	15,000,000 fr.
Les 40,000 actions donneront	20,000,000
Total	35,000,000 fr.

L'évidence des larges bénéfices que doit donner l'entreprise, évidence que ce Mémoire va péremptoirement démontrer, rendra le placement des actions très facile.

Ces actions seront d'autant mieux accueillies par le public, qu'elles se rattacheront à une entreprise analogue à l'exploitation maritime des Messageries Impériales qui donnent de si grands profits à leurs actionnaires. L'entreprise H. Salle et Cie aura, par l'emploi de la machine Pascal, des avantages spéciaux que ne possède pas la Compagnie des Messageries Impériales ; et, de plus, elle obtiendra certainement, comme cette Compagnie, une subvention du Gouvernement qui, depuis longtemps, désire faire établir un grand et régulier service de steamers transatlantiques.

La réalisation du capital nécessaire à la Société H. Salle et Cie étant d'ailleurs faite partie en obligations et partie en actions, les actions auront le précieux avantage de voir concentrer, sur leur petit nombre relatif, tous les bénéfices annuels de l'entreprise, sauf le prélèvement annuel de **250,000** fr. pour l'amortissement des 15 millions obligations.

Ajoutons enfin que, sur les 40,000 actions à émettre, il ne reste plus que actions à souscrire.

Quant aux 15 millions obligations, ils seront employés et acceptés, sans aucun doute, avec empressement, pour paiement de partie du matériel naval. En toute hypothèse, la prime exceptionnelle dont leur remboursement est doté sera un puissant attrait pour les capitaux, et leur négociation sera certainement effectuée facilement et à peu de frais.

Les emplois du capital social sont facilement justifiables.

Un des plus renommés constructeurs de navires, M. Guibert, de Nantes, a été consulté en août dernier sur le coût de grands et de moyens steamers, avec tous les détails sur le port utile, les emménagements, etc., moins la machine. M. Guibert a demandé pour des navires prêts à prendre la mer, c'est-à-dire armés, gréés et meublés, moins toujours la machine,

540,000 fr pour chaque grand steamer ;
245,000 pour chaque moyen steamer.

Les machines Pascal, si simples de mécanisme, et dispensées des chaudières et de leurs dispendieux accessoires, coûteront probablement moins de 500 fr. par cheval de force. En admettant toutefois ce prix, il faudrait ajouter 200,000 fr. au prix demandé par M. Guibert pour chaque grand steamer, 80,000 fr. au prix demandé pour chaque moyen steamer.

Les coûts totaux seraient donc :

740,000 fr. pour les grands steamers ;
325,000 pour les moyens steamers.

Ces prix ont été portés, dans les évaluations :

750,000 fr. pour les 22 grands steamers ;
325,000 pour les 4 moyens steamers.

Les calculs suivants démontrent que le coût des apports de M. Salle à la Société H. Salle et Cie est au-dessous de sa valeur réelle.

Le système Pascal assure, à cette Société, des avantages financiers de deux sortes :

1° Par *économies sur le capital* nécessaire pour la bonne marche de l'entreprise ;

2° Par création de *profits annuels* dont la réalisation serait absolument impossible avec le système actuel de machines à vapeur.

On a vu, dans la première partie de ce Mémoire, que les chaudières à vapeur et leurs accessoires, dont le système Pascal évitera le coût à la Société H. Salle et Cie, auraient nécessité, par le système actuel, une dépense de premier établissement de. . . . . 3,770,000 fr.

A cette première et notable économie apportée dans le coût des steamers à machines Pascal, il faut ajouter celle, plus importante encore, résultant de la réduction du tonnage général, soit des dimensions que l'on peut, grâce à ce système, imposer à la coque de chaque steamer, tout en lui conservant le même *portage productif* qu'ont les steamers de pareille force ayant des machines selon le système actuel.

Les chaudières à vapeur pourvues d'eau et leurs accessoires pesant, comme cela a été déjà expliqué, une demi-tonne par cheval-vapeur, la capacité occupée par ces parties des machines actuelles représente 200 tonneaux pour un steamer de 400 chevaux-vapeur, 80 tonneaux pour un steamer de 160 chevaux-vapeur. Le système Pascal supprimant les chaudières, permet donc déjà, par ce motif, de réduire de 200 tonneaux le tonnage général des grands steamers, de 80 tonneaux le tonnage général des moyens steamers de la Société H. Salle et Cie.

L'économie que le système Pascal produit dans la consommation du combustible crée une autre disponibilité d'emplacement, puisqu'elle dispense de l'embarquement de moitié du combustible qui est indispensablement nécessaire, pour une traversée, par le système actuel.

On a vu, dans la première partie de ce Mémoire, que les machines à système Pascal donneront, comparativement avec le système actuel, une économie de 2 kil. au moins par heure et par cheval-vapeur.

La navigation active des services de la Société H. Salle et Cie devant être, en moyenne, de 20 jours, soit 480 heures par traversée, l'économie du combustible sera de 960 kil. par cheval-vapeur et par traversée, ce qui donnera, par traversée,

Pour 1 steamer	de 400 chev.	. . 384,000 kil.	. . . soit	384 tonnes ;
— 1 —	de 160 —	. . 153,000 —	. . —	153

En réunissant les deux causes de suppression de charge équivalant à des créations d'emplacements disponibles, résultant de l'emploi du système Pascal, on a les chiffres suivants :

CAUSES DE CRÉATIONS D'EMPLACEMENTS DISPONIBLES.	STEAMERS DE	
	400 chevaux.	160 chevaux.
Par suppression des chaudières	tx 200	tx 80
Par économie de combustible	« 384	« 153
TOTAUX.	tx 584	tx 233

Le coût de construction d'un steamer, coque, armement, mobilier et emménagements, moins les machines et leurs accessoires, est ordinairement compté pour 700 fr. par tonneau. Sur cette base, et tout en leur conservant le même *portage productif* que sous l'ancien système de machines à vapeur, la Société H. Salle et Cie pourra réduire le tonnage général de ses steamers de

584 tonneaux par steamer de 400 chev.-vapeur;
233 — — — de 160 — —

Ces réductions produisant économie de coût de construction de 700 fr. par chaque capacité d'un tonneau supprimée, la Société H. Salle et Cie économisera ainsi

584 fois 700 fr. par steamer de 400 chev.-vap. . . soit 408,800 fr.;
233 — 700 — — de 160 — — . . . — 163,000

A ce compte, en calculant seulement pour la construction du matériel flottant nécessaire à ses débuts, matériel qu'elle devra certainement bientôt augmenter de beaucoup, la Société H. Salle et Cie aura les économies suivantes :

Pour 22 grands steamers à 408,000 fr.	8,976,000 fr.
— 4 moyens — à 163,000 fr.	652,000
Total.	9,628,000 fr.

En résumant les économies sur dépenses de premier établissement qui viennent d'être énumérées, on a les résultats que voici :

Economie par suppression des chaudières. . . .	3,770,000 fr.
— par suppression de tonnage improductif.	9,628,000
Total du CAPITAL ÉCONOMISÉ. . . .	13,398,000 fr.
Les apports que fait M. Salle soit de son industrie, soit des plans et de l'organisation de toute l'affaire, soit du droit d'usage partiel des brevets Pascal, grèvent la Société H. Salle et Cie d'une dépense de.	10,000,000
Les économies produites par le système Pascal sur le coût de construction du matériel flottant *donnent donc, compensation faite de cette dépense de* 10,000,000, un excédant, soit *un profit net* de.	3,398,000 fr.

C'est-à-dire que, comparativement avec l'ancien système, et par la force des choses, *la Société H. Salle et Cie* gagnera, *en définitive, au lieu de* débourser *un capital pour avoir le droit de faire usage des brevets Pascal !...*

Les calculs qui précèdent suffiraient déjà pour justifier surabondamment le coût des apports de M. Salle. Cependant ces calculs ont mis en relief seulement une partie, et la moindre partie, des avantages que l'emploi du système Pascal doit inévitablement attribuer à la Société H. Salle et Cie. Cette Société aura encore et en outre de notables bénéfices annuels que lui donnera le système Pascal, soit en l'exonérant de la dépense de renouvellement des chaudières, soit en lui attribuant de larges économies de combustible.

On a vu que la Société H. Salle et Cie obtiendra, grâce à l'exemption de la nécessité de renouveler très souvent les chaudières, un *profit annuel* de. . . . . 942,000 fr.

Il a été démontré que l'économie sur la consommation du combustible donnera, *chaque année*, un profit de. . . . . . 3,275,000 fr.

On pourrait ajouter à ces sommes :

L'économie de 1,800,000 fr. *par année*, résultant de la substitution de l'anthracite ou du lignite à la houille ;

Les *intérêts composés*, et par conséquent toujours croissants, de ces 1,800,000 fr. ;

Les *intérêté composés* produits par le capital de 3,398,000 fr. restant en profit net, par excédant que donnent les économies de construction comparativement avec le coût des apports.

Nous nous contentons, afin d'être sévèrement exacts, de mentionner, *pour mémoire*, ces motifs de bénéfices, qui ont pourtant une évidente valeur.

L'assemblage des divers profits annuels que doit donner à la Société H. Salle et Cie le système Pascal, donne les résultats suivants :

Dispense de renouvellement des chaudières. . . .	942,000 fr.
Economie sur la consommation du combustible . .	3,275,000
Economie par substitution du lignite à la houille, 1,800,000 fr. . . . . *mémoire*.	»
Intérêts composés sur 1,800,000 fr. . . . *mémoire*.	»
Intérêts composés sur 3,398,000 fr. . . . *mémoire*.	»
Profit total *par année*. . . .	4,217,000 fr.

La Société H. Salle et Cie pouvait choisir entre les deux modes qui viennent d'être exposés, pour récupérer le coût des apports, et pour assurer le succès de son entreprise.

Quoique différents en apparence, ces deux modes présentaient cependant, en définitive, des résultats proportionnels à peu près égaux :

L'un donnait un revenu apparent plus élevé, mais il n'éteignait pas immédiatement le coût des apports et il nécessitait un capital social bien plus considérable, c'est-à-dire un bien plus grand nombre d'actions, puisqu'il exigeait des steamers de plus vastes dimensions et par conséquent bien plus coûteux;

L'autre donnait un revenu apparent moins élevé; mais, par contre, non-seulement il éteignait de suite tout le coût des apports, mais encore il dotait la Société, par voie d'économie immédiate, d'un capital assez important, et il nécessitait, en même temps, un capital social et un nombre d'actions bien moindres que l'autre mode, puisqu'il réduisait notablement les dimensions et par conséquent le coût des steamers à employer.

De cette différence entre les chiffres du capital social exigé par l'un ou par l'autre mode, il résulte que chaque mode présentait, aux actions qui lui devaient être afférentes, des dividendes proportionnels à peu près égaux.

Le mode qui exige le plus petit capital et qui donne la récupération immédiate du coût des apports et, de plus, un bénéfice annuel important, a été préféré, pour l'organisation élaborée par M. Salle, parce que ce mode donne des avantages importants sous le rapport administratif.

Ainsi, on le voit, conditions, choix du mode d'utilisation, organisation, tout a été soigneusement calculé.

On peut donc, avec toute raison, répéter ce qui a été dit au commencement de cette partie de notre travail : *le coût des apports est au-dessous de sa réelle valeur.*

En résumé, dans le mode adopté pour l'organisation matérielle de la Société H. Salle et Cie, les apports de M. Salle et le coût de l'usage des brevets Pascal représentent, pour cette Société, les effets financiers que voici :

Non-seulement *ces apports se paient par eux-mêmes*, et par conséquent ne coûtent rien,

Mais encore, et en outre, ils attribuent à la Société H. Salle et Cie :

Un capital libre de 3,398,000 fr. ;
Un revenu annuel de 4,217,000 »

Ces résultats sont saisissants et expressifs, il serait superflu de les commenter.

Les calculs qui viennent d'être établis se rapportent à la résolution prise par le Directeur général de la Société H. Salle et Cie de faire construire des steamers d'un tonnage général moindre, tout en conservant le *même portage productif* que par l'ancien système de machines à vapeur, et de faire profiter cette Société des économies de coût de construction que ce mode prudent et rationnel produira.

Il n'est pas inutile de rappeler ici et d'apprécier, comparativement avec les calculs qui précèdent, les avantages financiers que la Société H. Salle et Cie aurait pu réaliser, si son Directeur général avait voulu faire construire des steamers conformes au tonnage général qu'ont les steamers de pareille force, ayant des machines selon le système actuel, ce qui aurait attribué à sa Compagnie les profits résultant de l'accroissement de *portage productif* dont l'emploi du système Pascal aurait doté ces steamers.

Ces avantages ont été exposés et calculés dans la première partie de ce Mémoire ; en voici le résumé :

Les apports faits à la Société H. Salle et Cie lui imposent une charge s'élevant à.	10,000,000 fr.
Le système Pascal évite, dans tous les cas, le coût de construction des chaudières, ce qui constitue une économie de capital de.	3,770,000
Le coût réel des apports serait donc, dans l'hypothèse qui nous occupe, de.	6,230,000 fr.

Il a été démontré que, dans cette hypothèse, la Société H. Salle et Cie obtiendrait une augmentation annuelle de revenu de 10,450,000 fr.

Il lui suffirait donc de six mois d'exploitation pour éteindre, par ses bénéfices, le coût des apports. Tout séduisants que soient ces avantages, ils sont inférieurs, on l'a vu, à ceux résultant de l'autre système qui a été adopté.

La Société Pascal a si bien compris tous les avantages que ses brevets devront donner à la Société H. Salle et Cie, qu'elle n'a pas hésité à accepter la majeure partie de son paiement en actions de cette dernière Société. C'est là encore une preuve saisissante de la valeur de l'entreprise.

Les prévisions pour intérêts et frais d'administration, pendant la construction des navires, sont plutôt exagérées qu'amoindries. Les frais d'administration seront d'ailleurs bien moindres, pendant cette période expectante, que pendant l'exploitation active.

Le fonds de roulement est porté à un chiffre capable de pourvoir à tous les besoins.

Enfin, 1,800,000 fr. restent en réserve pour parer à tout imprévu.

CHAPITRE II.

ORGANISATION DES SERVICES.

Avant d'entrer dans l'examen et la justification des calculs formant la dernière partie de ce Mémoire, il est utile de faire connaître que tous ces calculs ont été basés sur des indications présentant toutes les garanties désirables d'exactitude, soit parce qu'elles sont extraites de documents officiels, soit parce qu'elles proviennent d'hommes essentiellement compétents ou de publications justement considérées.

Parmi les documents officiels utilisés pour les calculs que ce Mémoire a pour objet, il faut citer en première ligne : les rapports présentés aux Chambres en 1840 et en 1845 sur la création de services de steamers transatlantiques ; le rapport présenté au Commerce marseillais, par M. Luce, au nom d'une Commission spéciale, le 8 février 1840, sur la même question ; les statistiques publiées par le Ministre du commerce ; le rapport présentant le résultat de l'enquête officielle faite sur la marine française en 1851 par une Commission dont M. Dufaure était président ; le rapport adressé au Ministre de la marine par M. Bourgois, capitaine de frégate, sur l'état de la marine commerciale à vapeur de l'Angleterre en 1854; et, enfin, les rapports adressés à des Assemblées générales par de grandes Compagnies anglaises de navigation maritime à la vapeur.

Les autres documents utilisés sont nombreux. Les principaux ont été extraits de la *Revue britannique*, du *Journal des économistes*, de la *Statistique* de Schnitzler, et de diverses autres publications.

Le travail que ce Mémoire a pour objet a donc été soigneusement, sérieusement étudié. Il a, de plus, le mérite d'avoir été consciencieusement établi. Toutes les dépenses ont été portées au maximum probable de leur chiffre; toutes les recettes ont été réduites au-dessous même des probabilités.

Après avoir posé ces préliminaires utiles, entrons en matière :

La Société H. Salle et Cie possède le droit exclusif de navigation, par steamers français munis de machines Pascal, sur les lignes suivantes :

1° Entre la France et la Guadeloupe;
2° Dans la mer des Antilles et le golfe du Mexique;
3° Entre la France et Cayenne;
4° Entre la France et New-York;
5° Entre la France et la Nouvelle-Orléans, et tous les autres ports des Etats-Unis;
6° Entre la France et le Brésil;
7° Entre la France et la côte occidentale d'Afrique;
8° Entre Marseille et le Hâvre, pour grand cabotage.

Les premières de ces lignes de navigation figurent au premier rang, parmi celles qui intéressent le plus le Commerce français. Elles offrent donc, par ce motif, les plus belles chances de bénéfices.

La ligne entre la France et la côte occidentale d'Afrique n'a pas une importance moindre. Seulement, peu cultivée jusqu'à ce jour, sa valeur n'a pas encore été mise en relief. Son exploitation donnera certainement des résultats qui dépasseront les prévisions. En addition aux gommes, aux bois d'ébénisterie, aux peaux brutes, etc., etc., que le Commerce français importe depuis longtemps, en quantités considérables, du Sénégal, sont venues se joindre depuis peu d'années les graines oléagineuses, importation nouvelle qui fournit une grande et croissante alimentation à la navigation.

Quant à la ligne de grand cabotage entre le Hâvre et Marseille, avec escales en route sur les ports principaux de France, d'Espagne et de Portugal, il n'est pas besoin de démontrer son importance et l'énorme trafic dont elle est assurée. Elle produira donc, comme les autres lignes, de très beaux bénéfices. L'exploitation de cette ligne aura d'ailleurs des avantages spéciaux d'une immense valeur. Il est indispensablement nécessaire à la régularité de son exploitation transatlantique que la Société H. Salle et Cie possède plusieurs steamers de rechange, pour remplacer ceux qui auront besoin de réparations quelconques. La prudence exige que le nombre de ces steamers de rechange soit assez considérable pour parer aux éventualités les plus défavorables. Il y aurait eu cependant réel dommage pour les intérêts sociaux, si les steamers en bon état de service étaient restés inactifs dans les ports du Hâvre ou de Marseille, par exemple, en l'attente de leur utilisation éventuelle, comme remplaçants. L'exploitation de la ligne de grand cabotage, entre le Hâvre et Marseille, réduite aux simples proportions du mouvement actuel, fournirait déjà seule une large et fructueuse alimentation aux steamers de rechange employés sur cette ligne. Cette exploitation aura pourtant encore le notable avantage de recueillir, dans les divers ports, sur sa route, les marchandises que ces ports voudront expédier, du Hâvre ou de Marseille, par les steamers de la Société H. Salle et Cie, pour les diverses destinations transatlantiques, comme aussi de transmettre, de Marseille ou du Hâvre, les marchandises venant d'outre-mer en destination d'un port intermédiaire sur la ligne du grand cabotage. Enfin, ce service spécial permettra de relever par transbordement, à l'arrivée en France, un lot de marchandises arrivant d'outre-mer pour compte direct ou indirect de la Société, et de conduire ce lot dans tel port de la ligne de grand cabotage où il aurait meilleure chance de bon placement.

Les calculs détaillés au chapitre dont nous nous occupons ici établissent que, pour le début immédiat de l'entreprise, la Société H. Salle et Cie devra posséder 22 grands et 4 moyens steamers. Prévoyant toutefois le cas probable où les besoins du service exigeront une augmentation de ce nombre, la Société H. Salle s'est assuré, dans son traité pour la machine Pascal, le droit de pourvoir pleinement à cette augmentation, sans devoir payer aucun supplément quelconque de prix à la Société J.-B. Pascal, pourvu, toutefois, que les nouveaux steamers restent exclusivement employés à la navigation française sur les lignes acquises par la Société H. Salle et Cie.

Il est inutile d'entrer ici dans les détails de l'organisation des services. Il suffit de dire que cette organisation a été combinée de la manière la plus avantageuse pour que la corrélation et l'ordre, si utiles au succès, présidassent partout. Les départs ont été échelonnés de manière à ce qu'il y ait succession régulière de travail, sans intermittence comme sans encombrement ni surcharge. Les correspondances ont été d'ailleurs établies en toute la concordance possible avec les arrivages et les départs.

Sur ce chapitre fondamental les prévisions ont donc été soigneusement élaborées.

On va voir qu'il en a été de même pour toute l'œuvre.

CHAPITRE III.

ÉQUIPAGES.

COMPOSITION, SALAIRES, NOURRITURE.

Les calculs spéciaux à ce chapitre ont été établis principalement sur les évaluations du Mémoire présenté en 1840, sur la question qui nous occupe, au Commerce marseillais, sauf les modifications résultant des changements que quatorze années ont pu produire, et encore sauf les modifications que l'emploi de la machine Pascal justifie.

Les navires de la Société H. Salle et Cie étant de moindre volume et de moindre jaugeage pour un même chargement utile, attendu la suppression du poids des chaudières et du poids de tout le combustible économisé par l'emploi des machines Pascal, le personnel des équipages a pu être diminué de nombre, ce qui se traduit en une économie notable dans les dépenses.

Une machine Pascal de 400 chevaux exige seulement deux foyers actifs, au lieu des seize foyers actifs qu'exige une machine de pareille force selon le système actuel. De plus, chacun des deux foyers de la machine Pascal exige seulement un chargement de houille toutes les heures, opération qui se fait en une minute, après quoi le chauffeur est libre. Les seize foyers nécessaires pour une machine actuelle de 400 chevaux doivent, au contraire, être desservis simultanément par plusieurs chauffeurs et avec une incessante activité, puisque, constamment, il faut alimenter ou stimuler les feux.

Puis encore, vu la simplicité du mécanisme Pascal, et aussi vu la suppression absolue de tout danger d'explosion, l'assistance continue d'un mécanicien est à peu près superflue, et l'utilité de son intervention temporaire est fort rare.

Il résulte de là qu'on pourrait, à toute rigueur, remplacer le mécanicien actuel par un simple chef ouvrier, sachant faire toutes réparations accidentelles à la machine qui se conduit, pour ainsi dire, toute seule.

Il en résulte aussi que le nombre des chauffeurs peut être infiniment réduit et que le salaire des chauffeurs peut être assimilé à celui de simples matelots, puisque leurs fonctions les dispensent désormais de ces fatigues et de cette assiduité si pénibles pour les chauffeurs actuels.

CHAPITRE IV.

FRAIS FIXES ANNUELS.

ASSURANCES, RÉPARATIONS, DÉPRÉCIATION.

Les raisonnements afférents à ce chapitre des calculs ne peuvent avoir d'autre objet que de justifier l'exagération qui a fait porter à un total collectif de 8 p. 0/0, soit à une dépense annuelle de 1,424,000 fr. les réparations et la dépréciation d'un matériel flottant de 18 millions, alors que, en outre du complet amortissement des obligations et des actions, un fonds de réserve *permanent* de DIX MILLIONS a été créé par les Statuts de la Société H. Salle et Cie, pour parer aux *réparations imprévues et au renouvellement successif* de ce matériel.

Semblable observation doit être appliquée à la somme de 890,000 fr. portée pour coût annuel des assurances des steamers. La Société H. Salle et Cie économisera moitié, au moins, de cette dépense en s'assurant elle-même.

La cause de ces patentes exagérations a été la résolution bien arrêtée de porter loyalement dans ce travail toutes les dépenses à leur maximum possible.

CHAPITRE V.

HOUILLE POUR NAVIGATION.

Les indications qui, sous la désignation de *bases des calculs*, sont placées en tête de ce chapitre, avant les calculs qu'il contient, sont assez explicites pour dispenser de présenter ici de minutieux détails.

Les dépenses de navigation ont été calculées sur les données suivantes :

Vitesse moyenne, 9 milles ou nœuds marins à l'heure.
Combustion par heure et par cheval de force,

2 k. 500 pour un steamer de 400 chevaux,
3 » 500 pour un steamer de 160 chevaux.

Ce qui est certainement, disons-le en passant, au-dessus de la combustion qu'exigeront les machines Pascal.

Prix de la houille, 35 fr. la tonne, en Europe; 50 fr. la tonne, outre-mer.

Ces prix donneraient une moyenne de 42 fr. 50 c. la tonne. Cependant, pour plus d'exactitude, le prix de la houille a été compté en moyenne à 45 fr. la tonne pour la navigation entre l'Europe et l'Afrique ou l'Amérique.

Quant aux navigations de cabotage, leur coût a été compté à raison de :

35 fr. la tonne pour la ligne entre le Hâvre et Marseille ;

50 fr. la tonne pour la ligne dans la mer des Antilles, où, pourtant, il faut remarquer qu'on pourra employer avec avantage le bois, peu coûteux dans ces parages, et plus avantageux comme combustible pour les machines Pascal.

Pour compléter les explications sur ce chapitre, ajoutons :

1° Que les nombres de jours de navigation *active* pour chaque voyage ont été notablement exagérés, et supposent à peine une vitesse moyenne de 9 milles à l'heure, déduction faite des heures de chauffe ;

2° Que *les calculs ont supposé une marche constante à la vapeur*, tandis que, bien souvent, surtout dans les traversées d'Europe en Amérique, l'impulsion des vents favorables viendra remplacer, et, par conséquent, économiser l'impulsion de la vapeur.

CHAPITRE VI.

FRAIS ACCESSOIRES.

GRAISSAGE, ÉTOUPES, ANCRAGE, PILOTAGE, EXPÉDITIONS, ETC., ETC.

Peu de mots à dire sur ce chapitre, sinon qu'il y a lieu d'espérer, avec toute raison, que les dépenses d'ancrage, pilotage, expéditions, etc., seront considérablement amoindries et probablement même remplacées par la perception de subventions productives, en suite de négociations avec les Gouvernements propriétaires des ports d'attache ou d'escale, en considération des avantages de régularité et de célérité de service postal que l'Entreprise assurera à ces Gouvernements, entre leurs ports et le midi de l'Europe.

CHAPITRE VII.

ADMINISTRATION.

FRAIS GÉNÉRAUX, PERSONNELS, LOYERS, BUREAUX, ETC., ETC.

Les raisonnements sur ce chapitre se bornent à faire observer que les frais qu'il a pour objet comportent à la fois les dépenses d'administration relatives à la navigation, en même temps que celles relatives, soit à l'exploitation commerciale, soit aux marchandises.

CHAPITRE VIII.

RÉSUMÉ DES DÉPENSES ANNUELLES.

Simple résumé, ce chapitre n'a pas besoin d'explications.

Il fournit, cependant, l'utile occasion de faire observer que les dépenses d'intérêt et d'amortissement, soit pour les obligations, soit pour les actions, sont déduites aux chapitres XI et XII, ayant tous deux pour objet diverses hypothèses d'évaluations de bénéfices.

CHAPITRE IX.

RECETTES.

NAVIGATION, MARCHANDISES.

Les calculs contenus dans ce chapitre ont été établis sur des bases soigneusement étudiées, de manière à rendre leurs résultats incontestables.

Les prix du fret ont été fixés à la parité des prix actuellement payés pour la navigation à la voile; et pourtant, le fret pour la navigation à vapeur vaut toujours au moins 40 à 50 pour 100 de plus que le fret pour la navigation à la voile.

Le prix de chaque classe de passagers a été calculé à 20 pour 100 environ au-dessous des plus bas prix actuellement perçus pour chaque place ou classe correspondante.

Il en a été de même pour les produits du transport des lettres, paquets, articles de luxe, valeurs, métaux précieux.

Malgré le bas prix auquel le fret a été établi, le chargement utile a été compté seulement pour neuf dixièmes du poids disponible à chaque voyage, afin de pourvoir d'avance à tout mécompte. Cependant, grâce à l'heureuse organisation qui l'autorise à importer ou à exporter des marchandises à sa propre destination, en transit, en consignation, ou, au besoin, pour son propre compte, aussi bien qu'à transporter de la marchandise pour compte d'autrui, la Société H. Salle et Cie est assurée d'avoir toujours pleine et productive charge pour chaque traversée de ses steamers.

Quant au nombre des passagers, il a été certainement évalué au-dessous de ce qu'il sera réellement, eu égard surtout au bas prix du passage à bord des steamers de la Société. Quelques rapides citations en donneront la preuve.

Le Rapport présenté en 1841, à la Chambre des députés, par M. de Salvandy, sur la question des paquebots transatlantiques, constatait que le nombre des passagers entre le Hâvre et New-York avait été, en 1839, de 4,049. Il ajoute que ce mouvement s'accroît régulièrement d'un cinquième, en moyenne, chaque année.

Le Rapport marseillais déjà cité constatait en 1840 que, pour la mer des Antilles seulement, le nombre des passagers de chambre, soit de première classe, s'embarquant annuellement en France, était :

Provenant d'Espagne.	2,400	passagers.
Provenant de France.	2,899	—
Total. . . .	5,299	passagers.

Ce total ne comprend pas de passagers provenant d'Italie; cependant ce pays doit en fournir un certain nombre.

Puis encore, ces chiffres ont 14 années de date. Si leur accroissement a eu lieu dans la progression indiquée par le Rapport de M. de Salvandy, ils auraient au moins doublé depuis cette époque.

Cependant les calculs attribuent à la Société H. Salle et Cie, en moyenne, pour chaque grande ligne, seulement 2,880 passagers de chambre par année.

Ce chiffre prévisionnel paraît être bien au-dessous de la réalité, si l'on considère l'espèce d'entraînement que produiront à la fois la réduction du prix de passage et l'avantage de pouvoir s'embarquer directement, dans un port espagnol où dans un port français, au lieu d'aller s'embarquer de France ou d'Espagne en Angleterre, comme il le faut aujourd'hui, avec surcroît d'embarras, de dépenses et de pertes de temps.

Pour dernière justification de notre évaluation prévisionnelle du nombre des passagers, disons enfin que le Rapport fait par les Administrateurs de la Compagnie des Messageries Impériales, à la dernière Assemblée générale des actionnaires, constate que, dans l'année 1853, les steamers de cette Compagnie ont transporté, sur trois lignes de navigation, 35,529 passagers. Ce chiffre officiel est énormément au-dessus de nos évaluations.

Quant à la ligne de grand cabotage du Hâvre à Marseille, l'Espagne et le Portugal lui fourniront d'abondants motifs de recette pour les passagers, qui trouveront économie d'argent et de temps à voyager, par des steamers réguliers et rapides, sur le Hâvre ou Marseille, ou sur les ports intermédiaires.

La dernière catégorie de recettes, figurant au chapitre qui nous occupe, est celle présentant les bénéfices produits par les marchandises, les assurances et le transit.

Les évaluations posées pour cette catégorie sont évidemment au-dessous des probabilités.

La Société H. Salle et Cie obtiendra naturellement la préférence des destinataires pour la réception et la réexpédition de majeure partie de l'immense quantité de marchandises que ces steamers amèneront en France pour l'Allemagne et la Suisse. L'intelligente activité de ses représentants d'outre-mer lui obtiendra d'importantes et nombreuses consignations. Enfin, à l'imitation de beaucoup d'autres Sociétés identiques, la Société H. Salle et Cie saura bien aussi se procurer de larges profits en se portant assureur elle-même, sous la prudente précaution de réassurance, par abonnement annuel à moitié prix, soit de ses propres steamers pour l'assurance desquels une dépense *annuelle* de 890,000 fr. a été inscrite au chapitre IV de ce travail, soit de l'énorme valeur, un milliard au moins, des marchandises que ces steamers transporteront; ajoutons enfin qu'il n'a été tenu aucun compte des bénéfices, évidemment considérables, que donneront les transports d'émigrants et les opérations ayant des colonisations pour objet.

Ce n'est donc pas à 500,000 fr. qu'il faudrait évaluer les bénéfices que donneront les opérations qui viennent d'être indiquées, c'est 2 millions qu'on devrait inscrire, au lieu de ce chiffre, avec toute raison.

CHAPITRE X.

COMPARAISON DES RECETTES AVEC LES DÉPENSES.

Ce chapitre étant seulement un enregistrement de chiffres, il ne donne lieu à aucun raisonnement.

CHAPITRE XI.

EMPLOI DES BÉNÉFICES.

Les calculs afférents à ce chapitre sont établis sur deux hypothèses.

La première comprend les bénéfices résultant des évaluations de recettes et de dépenses qui viennent d'être justifiées.

La seconde ajoute à ces bénéfices une subvention gouvernementale.

Il serait superflu de répéter ici combien le Gouvernement désire l'établissement de services réguliers de navigation transatlantique par steamers français. Plusieurs fois les pouvoirs législatifs ont été saisis de projets de lois ayant pour objet de provoquer cette utile amélioration. Un de ces projets avait même proposé d'attribuer une subvention *annuelle* de 800,000 fr. *par steamer* à toute Compagnie qui organiserait ce service dans certaines conditions déterminées.

Des Compagnies se sont présentées ; mais, ou elles ont demandé des subventions plus élevées, ou elles ont posé des conditions qui ne pouvaient convenir au Gouvernement ; si bien, que, jusqu'à ce moment, rien encore n'a été fait.

On peut conjecturer, avec toute raison, que si une Compagnie réalisait enfin le service maritime transatlantique à vapeur, depuis si longtemps désiré, le Gouvernement se déciderait à lui attribuer la subvention de 800,000 fr. par steamer précédemment proposée par lui. Les calculs afférents au chapitre qui nous occupe n'ont pas évalué aussi haut la subvention gouvernementale. Ils ont admis que la Société H. Salle et Cie accepterait une modeste allocation annuelle de 6,000,000 de fr.. au lieu des 24 millions, des 18 millions que demandaient au minimum les Compagnies qui l'ont précédée.

Sur ces bases, les deux hypothèses qui viennent d'être exposées donneraient les résultats suivants :

Les intérêts et l'amortissement afférents aux obligations et encore la dotation annuelle du fonds d'amortissement des actions ayant été prélevés ;

Un prélèvement de 10 p. 0/0 ayant été exercé en faveur du fonds de réserve ;

10 p. 0/0 ayant éte attribués aux Administrateurs, selon les prescriptions des Statuts, après le service des intérêts et de l'amortissement des actions ;

Le reliquat libre donnerait aux actionnaires, à titres réunis d'intérêt et de dividende :

Dans la première hypothèse,

Soit bénéfices seulement, sans subvention,

38,95 p. 0/0 ;

Dans la seconde hypothèse,

Soit bénéfices augmentés d'une modique subvention (après les prélèvements ci-dessus indiqués),

63,25 p. 0/0.

Inutile de commenter ces résultats ; faisons seulement observer qu'ils seront produits par l'exploitation d'un brevet, c'est-à-dire qu'ils reposent sur un monopole privilégié, pour de nombreuses années, par la loi.

CHAPITRE XII.

HYPOTHÈSE DE DÉCEPTION.

On a vu que toutes les évaluations, tous les calculs ont été faits avec une sérieuse, une consciencieuse attention.

Cependant, en dernier témoignage de la bonne foi qui préside à ce travail, nous avons voulu admettre, contre toute vraisemblance, que les bénéfices nets qui en résultaient ont pu être erronés au point de devoir être réduits de moitié.

Cette hypothèse supposerait, ou bien que les dépenses auraient été portées à moitié de ce qu'elles seront en réalité, ou bien que les recettes auraient été portées au double de ce qu'elles produiront réellement. Dans le premier cas, par exemple, cela voudrait dire qu'un capitaine devrait recevoir de la Société H. Salle et Cie 8,000 fr. honoraires fixes par année, au lieu de 3,000 fr. ou de 4,000 fr., prix normal actuel. Dans le second cas, cela voudrait dire, par exemple encore, que le fret par steamers produirait environ moitié moins que le fret par navires à voiles.

Tout invraisemblables, nous allions dire, tout absurdes que soient de telles suppositions, nous avons voulu les admettre comme possibles et nous avons mis en relief leurs résultats.

Ces résultats donnent les chiffres suivants :

Les intérêts et l'amortissement annuels des obligations et encore la dotation annuelle du fonds d'amortissement des actions ayant été prélevés ;

Un prélèvement de 10 p. 0/0 ayant été exercé en faveur du fonds de réserve ;

10 p. 0/0 ayant été attribués aux Administrateurs, selon les prescriptions des Statuts, après le service des intérêts et de l'amortissement des actions ;

Le reliquat libre donnerait encore aux actionnaires,

Dans cette HYPOTHÈSE DE DÉCEPTION, et sans aucune subvention,

A titres réunis d'intérêt et de dividende :

17,88 p. 0/0.

EN RÉSUMÉ :

Les calculs scrupuleusement établis dans ce Mémoire démontrent que *les actions* de la Société H. Salle et Cie obtiendront

LES REVENUS ANNUELS SUIVANTS :

En *hypothèse de déception*.	17 88	p. 0/0.
Sans aucune subvention	38 95	—
Avec modique subvention.	63 25	—

Y a-t-il beaucoup d'entreprises présentant de tels bénéfices à ceux qui leur confient leurs capitaux?

STEAMERS FRANÇAIS TRANSATLANTIQUES

A

MACHINES PASCAL.

TROISIÈME PARTIE.

CHAPITRE PREMIER.

CAPITAL.

QUOTITÉ, COMPOSITION, EMPLOI.

Capital social . . . . 35,000,000 fr.

Représenté par :

1° 50,000 *obligations*, de 300 fr. chacune, portant intérêt à 15 fr. par obligation, remboursables chacune par 500 fr., progressivement, en 47 années, par l'action d'une dotation annuelle de 5 fr. par obligation, les intérêts des actions remboursées profitant au fonds d'amortissement;

2° 40,000 *actions* de 500 fr. chacune, remboursables, en 67 années, par une dotation annuelle de 0,20^c p. 0/0, avec intérêts composés.

RÉSUMÉ.

50,000 obligations de 300 fr.	15,000,000 fr.
40,000 actions de 500 fr.	20,000,000 »
Total égal	35,000,000 fr.

EMPLOI DU CAPITAL.

22 steam. de 400 chev. à 750,000 f. : 16,500,000 f. 4 — de 160 — à 325,000 f. : 1,300,000 f.	17,800,000 fr.
Brevets.	8,000,000 »
Apports.	2,000,000 »
Administration et intérêts pendant construction.	1,400,000 »
Fonds de roulement	4,000,000 »
Imprévu	1,800,000 »
Total.	35,000,000 fr.

CHAPITRE II.

ORGANISATION DES SERVICES.

DÉTAIL DES LIGNES :

1re Ligne : Hâvre. . . . . . / Marseille . . . . — la Guadeloupe.

2e Ligne : Mer des Antilles.

3e Ligne : France. . . . . . . Cayenne.

Ligne	Départ	Destination	
4e Ligne :	Hâvre	New-York.	
5e Ligne :	Hâvre	New-Orléans.	
6e Ligne :	Hâvre . . . . . Marseille . . .	Rio-Janeiro.	
7e Ligne :	Marseille.	Sénégal.	
8e Ligne :	Marseille . . . Hâvre	Grand cabotage.	France. Espagne. Portugal.

ITINÉRAIRES.

PREMIÈRE LIGNE.

ANTILLES.

(4 grands steamers en activité sur 5.)

Marseille.	Le Hâvre.
Barcelone.	Cadix.
Cadix.	Madère.
Madère.	Guadeloupe.
Guadeloupe.	

(*Navigation*, 19 *jours.*)

DEUXIÈME LIGNE.

GRAND CABOTAGE DANS LA MER DES ANTILLES.

(3 petits steamers en activité sur 4.)

PREMIÈRE SUBDIVISION :

Guadeloupe.
Saint-Thomas.
Porto-Rico.
Jacmel (Haïti).
Santiago (Cuba).
Jamaïque.

(*Navigation*, 12 *jours.*)

DEUXIÈME SUBDIVISION :

Guadeloupe.

Havane.

Vera-Cruz.

(*Navigation*, 19 *jours.*)

TROISIÈME SUBDIVISION.

Guadeloupe.
Martinique.
Trinité.
La Guayra.
Curaçao.
Chagres.

(*Navigation*, 14 *jours.*)

(1 petit steamer de rechange en réserve.)

TROISIÈME LIGNE.

CAYENNE.

Cette ligne offrant moins d'avantages que les autres, elle sera organisée seulement lorsque la Compagnie aura obtenu une subvention générale du Gouvernement, qui a un puissant intérêt administratif à cette exploitation.

QUATRIÈME LIGNE.

NEW-YORK.

(5 grands steamers.)

Hâvre.
New-York.

Navigation, 14 *jours.*)

(1 grand steamer en réserve pour rechange.)

CINQUIÈME LIGNE.

NEW-ORLÉANS.

(4 grands steamers.)

Hâvre.
New-Orléans.

Navigation, 26 *jours.*)

(1 grand steamer en réserve pour rechange.)

SIXIÈME LIGNE.

BRÉSIL.

(6 grands steamers.)

Marseille.	Hâvre.
Barcelone.	Lisbonne.
Cadix.	Madère.
Madère.	Bahya.
Bahya.	Rio-Janeiro.
Rio-Janeiro.	

(*Navigation*, 25 *jours.*)

(1 steamer en réserve.)

SEPTIÈME LIGNE.

COTE OCCIDENTALE D'AFRIQUE.

(2 grands steamers.)

Marseille.
Barcelone.
Cadix.
Madère.
Sainte-Marie-de-Bathurst.
Gorée.
Sierra-Leone.

(*Navigation*, 15 *jours.*)

HUITIÈME LIGNE.

GRAND CABOTAGE : HAVRE A MARSEILLE.

(2 grands steamers.)

Marseille.	Le Hâvre.
Cette.	Nantes.
Barcelone.	Bordeaux.
Cadix.	Lisbonne.
Lisbonne.	Cadix.
Bordeaux.	Barcelone.
Nantes.	Cette.
Le Hâvre.	Marseille.

(*Navigation*, 9 *jours*.)

RÉSUMÉ GÉNÉRAL.

Première ligne : Guadeloupe.

4 grands } 3 petits } steamers en activité.

1 grand } 1 petit } steamers en réserve.

Le premier et le 15 de chaque mois, et *successivement* comme suit :

1 départ de Marseille	pour la Guadeloupe. . .	le 1er.
1 départ du Hâvre.	—	le 15.
1 départ de la Guadeloupe. .	pour Marseille.	le 1er.
1 — —	pour le Hâvre	le 15.

Deuxième ligne : MER DES ANTILLES.

1 départ de la Guadeloupe. . pour la Jamaïque, et *retour*.
1 — — pour Vera-Cruz, et *retour*.
1 — — pour Chagres, et *retour*.

Le 22 de chaque mois, les trois lignes exploitant les Antilles se rencontrent avec les deux lignes de France dans le port de la Guadeloupe. Chacune de ces lignes reprend sa course après déchargement et et rechargement.

Troisième ligne : CAYENNE.

Ajournée jusqu'à ce que la Compagnie ait obtenu une subvention générale du Gouvernement.

Quatrième ligne : NEW-YORK.

2 grands steamers en activité.
1 — en réserve.

Le 10 de chaque mois, et *simultanément* :

1 départ du Hâvre. . . pour New-York.
1 départ de New-York pour le Hâvre.

Cinquième ligne : NEW-ORLÉANS.

4 grands steamers en activité.
1 — en réserve.

Le 20 de chaque mois, et *simultanément* :

1 départ du Hâvre . . . . pour New-Orléans.
1 départ de New-Orléans pour le Hâvre.

Sixième ligne : Brésil.

6 grands steamers en activité.
1 — en réserve.

Le 1er et le 15 de chaque mois, et *successivement* comme suit :

1 départ de Marseille . . . . pour Rio-Janeiro . . . . le 15.
1 départ du Hâvre . . . . . . pour Rio-Janeiro . . . . le 1er.
1 départ de Rio-Janeiro . . . pour Marseille . . . . . . le 1er.
1 départ — pour le Hâvre . . . . . . le 15.

Septième ligne : Cote occidentale d'Afrique.

2 grands steamers en activité.

Le 25 de chaque mois, et *simultanément* :

1 départ de Marseille pour le Sénégal.
1 départ du Sénégal pour Marseille.

Huitième ligne : Grand cabotage français.

Nota. Cette ligne a pour but :

1° D'utiliser, par un service actif et productif, deux des quatre grands steamers de réserve, par une sorte de roulement entre ces cinq steamers, de manière à ce que deux sur les quatre puissent être constamment en repos ou en réparation;

2° De répartir les marchandises appartenant à la Société, selon les besoins, l'abondance et les prix du moment, dans chaque localité, par des *déversements* d'un port dans un autre;

3° De correspondre avec les grands services transatlantiques, et de faire ainsi participer tous les ports sur la ligne aux avantages de ce service.

(2 steamers en activité.)

Le 1er de chaque mois, et *simultanément* :

1 départ du Hâvre... pour Marseille.
1 départ de Marseille pour le Hâvre.

OBSERVATION GÉNÉRALE.

Toutes les lignes porteront marchandises et passagers.

RÉCAPITULATION.

EMPLOI DU MATÉRIEL FLOTTANT.

LIGNES.	STEAMERS EN ACTIVITÉ.		STEAMERS EN ACTIVITÉ.		TOTAUX.
	Grands.	Moyens.	Grands.	Moyens.	
Antilles.	4	»	1	»	5
Mer des Antilles . . .	»	3	»	1	4
Cayenne.	»	»	»	»	»
New-York	2	»	1	»	3
New-Orléans.	4	»	1	»	5
Brésil	6	»	1	»	7
Sénégal	2	»	»	»	2
	18	3	4	1	
Grand Cabotage. — Emploi partiel des réserves.					»
Total général égal au nombre de steamers.					26

CHAPITRE III.

EQUIPAGES.

COMPOSITION, SALAIRES, NOURRITURE.

PREMIÈRE CATÉGORIE.

(16 *grands steamers à passagers.*)

1	capitaine	à 4,000 fr.	4,000
1	second	3,000	3,000
1	lieutenant	2,000	2,000
1	chirurgien	2,000	2,000
1	maître	1,200	1,200
16	matelots, novices, etc.	720	11,500
2	mousses	300	600
1	mécanicien	3,000	3,000
1	second	1,500	1,500
4	chauffeurs et charbonniers	800	3,200
1	maître d'hôtel	1,500	1,500
4	domestiques	720	2,800
34			36,500

Nourriture : 34 bouches.
365 jours à 1 fr. 60 c. par jour. 20,000

1 steamer, 1re catégorie, par année. . . 56,500

DEUXIÈME CATÉGORIE.

GRAND CABOTAGE, CÔTES DE FRANCE, ETC.

(2 *grands steamers.*)

1	capitaine	à 4,000 fr.	4,000
1	second	3,000	3,000
1	lieutenant	2,000	2,000
1	maître	1,200	1,200
16	matelots, novices, etc.	720	11,500
2	mousses	300	600
1	mécanicien	2,400	2,400
1	second	1,500	1,500
4	chauffeurs et charbonniers	800	2,200
1	maître d'hôtel	1,500	1,500
4	domestiques	720	2,900
33			33,800
	Nourriture : 33 bouches.		
	365 jours à 1 fr. 60 c. par jour		19,200
	1 steamer, 2me catégorie, un an		53,000

TROISIÈME CATÉGORIE.

(3 *petits steamers avec passagers.*)

1	capitaine	à 4,000 fr.	4,000
1	second	3,000	3,000
1	lieutenant	2,000	2,000
3	*A reporter*		9,000

3		*Reports.*	9,000
1	chirurgien	1,500	1,500
1	maître	1,200	1,200
8	matelots, novices, etc.	720	5,800
2	mousses	300	600
1	mécanicien	2,000	2,000
1	second	1,200	1,200
3	chauffeurs	900	2,700
1	maître d'hôtel	1,200	1,200
3	domestiques	720	2,200
24			27,400
	Nourriture : 24 bouches. 365 jours à 1 fr. 60 c.		14,000
	1 petit steamer, 3me catégorie, pour un an		41,400

QUATRIÈME CATÉGORIE.

(Grands et petits steamers en réserve.)

SIMPLE ÉQUIPAGE DE GARDE.

1	capitaine	à 4,000 fr.	4,000
1	second	3,000	3,000
1	lieutenant	2,000	2,000
1	maître	1,200	1,200
10	matelots	720	7,200
1	mécanicien	2,000	2,000
2	chauffeurs	900	1,800
17			21,200
	Nourriture : 17 bouches. 365 jours à 1 fr. 60 c. par jour		9,800
	Total		31,000

RÉSUMÉ.

18 grands steamers	à 56,500 fr.	1,017,000
2 — —	53,000	106,000
3 petits —	41,400	124,000
2 grands et 1 petits steamers en réserve, soit 3 en moyenne	30,000	93,000
Résumé du chapitre III.		1,340,000

CHAPITRE IV.

FRAIS FIXES ANNUELS.

ASSURANCE, RÉPARATIONS, DÉPRÉCIATION.

PREMIÈRE CATÉGORIE.

(22 grands steamers, ensemble, 16,500,000 fr.)

Assurance,	5 p. 0/0.	825,000 fr.
Réparations,	3 p. 0/0.	495,000
Dépréciation,	5 p. 0/0.	825,000
	Par an.	2,145,000 fr.

DEUXIÈME CATÉGORIE.

(4 petits steamers, ensemble, 1,300,000 fr.)

Assurance,	5 p. 0/0.	65,000 fr.
Réparations,	3 p. 0/0.	39,000
Dépréciation,	5 p. 0/0.	65,000
	Par an.	169,000 fr.

RÉSUMÉ.

22 grands steamers.	2,145,000 fr.
4 petits steamers.	169,000
	2,314,000 fr.

CHAPITRE V.

HOUILLE POUR NAVIGATION,

BASES DES CALCULS, APPLICATIONS.

Vitesse moyenne, 9 milles ou nœuds à l'heure.

Combustion { $2^k.5$ par heure et par cheval de force pour les grands steamers de 400 chevaux ; $3^k.5$ par heure et par cheval de force pour les petits steamers de 160 chevaux.

NOTA. Il a été tenu compte des heures de chauffe dans l'évaluation du nombre de jours de navigation.

Prix de la houille, { 35 fr. en Europe, 50 fr. hors d'Europe, } la tonne.

On comptera le prix de la houille, dans les calculs qui vont suivre, à 45 fr. la tonne, en moyenne, pour la navigation d'Europe en Afrique ou Amérique, 50 fr. pour la navigation dans la mer des Antilles, 35 fr. pour le grand cabotage.

La consommation de combustible, selon les bases qui viennent d'être établies, étant :

Première catégorie, grands steamers, 2^k; 5 par heure et par cheval.
Deuxième catégorie, petits steamers, 3^k. 5 — —
La dépense sera par jour de 24 heures :

PREMIÈRE CATÉGORIE.

2^k.5 par heure et par cheval, soit pour 24 heures par cheval. . . . . 60 kil. houille,
et pour 400 chevaux en 24 heures. . . . . 24,000 — —

24,000 kil., soit 24 tonnes houille *par jour de 24 heures*, à 45 fr. la tonne, font (dépense par jour). . . . . 1,080 fr.

EXCEPTION

(Quant au prix de la houille).

(2 steamers faisant le grand cabotage français.)

2^k. 5 par heure et par cheval, soit pour 24 heures. 60 kil. houille,
et pour 400 chevaux pour 24 heures. . . . . 24,000 — —
soit 24 tonnes houille à 35 fr. (dépense par jour. . 840 fr.

DEUXIÈME CATÉGORIE.

3^k. 5 par heure et par cheval de force, soit pour 24 heures et par cheval. . . . . 84 kil. houille,
soit pour 160 chevaux et par 24 heures. . . . . . 13,600 —
soit 14 tonnes houille à 50 fr. (dépense par jour). 700

Il faut remarquer que les calculs qui précèdent supposent une *marche constante à la vapeur*, et ne tiennent aucun compte des économies, évidemment considérables, de combustible, que donnera l'emploi de la voile, lorsque les vents favorables permettront de substituer ce moteur naturel et gratuit à l'impulsion de la vapeur.

Appliquant les chiffres de dépenses quotidiennes de navigation qui viennent d'être établis aux diverses lignes, objet de ce travail, on a les résultats suivants :

Dépenses de navigation pour 1 steamer *de chaque catégorie, et par ligne, pour* 1 voyage (soit double traversée), *par* jour, *par* voyage *et par* année.

LIGNES.	NOMBRE DE JOURS de navigation active pour		DÉPENSES POUR 1 STEAMER.					
	1 traversée.	1 voyage.	1 jour.	1 voyage.	UN AN, SOIT 3 voyages.	4 voyages.	6 voyages.	12 voyages.
	— Jours.	— Jours.						
1re CATÉGORIE (GRANDS STEAMERS).								
			fr.	fr.	fr.	fr.	fr.	fr.
Antilles.	19	58	1,080 »	41,000 »	»	»	246,000 »	»
New-York. . . .	14	28	1,080 »	30,000 »	»	»	180,000 »	»
Sénégal.	15	30	1,080 »	32,500 »	»	»	195,000 »	»
Grand Cabotage.	9	18	840 »	15,000 »	»	»	90,000 »	»
2e CATÉGORIE (GRANDS STEAMERS).								
Brésil.	25	50	1,080 »	56,000 »	»	224,000 »	»	»
3e CATÉGORIE (GRANDS STEAMERS).								
New-Orléans . .	26	52	1,080 »	56,000 »	168,000 »	»	»	»
4e CATÉGORIE (PETITS STEAMERS).								
Antilles	»	12	700 »	8,400 »	»	»	»	101,800 »
Id.	»	14	700 »	9,800 »	»	»	»	117,600 »
Id.	»	19	700 »	13,300 »	»	»	»	159,600 »

Le tableau suivant présente *le chiffre total annuel* de dépense de combustible, pour navigation, pour toute l'entreprise, en multipliant la dépense annuelle d'un steamer, ci-dessus établie pour chaque ligne, par le nombre des steamers exploitant cette même ligne.

LIGNES.	DÉPENSE ANNUELLE. POUR 1 steamer.	NOMBRE DES steamers.	DÉPENSE ANNUELLE TOTALE par chaque ligne.
1re CATÉGORIE (GRANDS STEAMERS).			
	fr.		fr.
Antilles	246,000 »	4	984,000 »
New-York	180,000 »	2	360,000 »
New-Orléans . . . . . ,	168,000 »	4	672,000 »
Brésil	224,000 »	6	1,344,000 »
Sénégal	195,000 »	2	390,000 »
Grand Cabotage	90,000 »	2	180,000 »
2me CATÉGORIE (PETITS STEAMERS).			
ANTILLES.			
Jamaïque.	102,000 »	1	102,000 »
Chagres	118,000 »	1	118,000 »
Vera-Cruz	160,000 »	1	160,000 »
TOTAUX		23	4,310,000 »

Dépense annuelle totale de navigation (combustible) 4,310,000 fr.

CHAPITRE VI.

FRAIS ACCESSOIRES DE NAVIGATION.

GRAISSAGE, ÉTOUPES, ANCRAGE, PILOTAGE, EXPÉDITION, ETC.

Bases :

1re catégorie. Voyages de France à l'étranger.

2e — Voyages de France à France, ou à possessions françaises.

LIGNES.	DÉPENSE PAR VOYAGE. — 1 steamer.	NOMBRE des VOYAGES. — 1 steamer.	DÉPENSE ANNUELLE — 1 steamer.	NOMBRE des STEAMERS.	DÉPENSE TOTALE par année.
		1re CATÉGORIE.			
	fr.		fr.		fr.
Mer des Antilles.	5,000 »	12	60,000 »	3	180,000 »
New-York........	4,000 »	6	24,000 »	2	48,000 »
New-Orléans.....	4,000 »	3	12,000 »	4	48,000 »
Brésil	5,000 »	4	20,000 »	6	120,000 »
		2me CATÉGORIE.			
Guadeloupe......	2,000 »	6	12,000 »	4	48,000 »
Sénégal...........	2,000 »	6	12,000 »	2	24,000 »
Grand Cabotage.	3,000 »	6	18,000 »	2	36,000 »
TOTAUX............				23	504,000 »

Total pour ce chapitre . . . . 504,000 fr.

Les diverses dépenses que ce chapitre a pour objet sont les seules sur lesquelles la difficulté d'avoir des renseignements bien précis puisse laisser possibilité de quelques inexactitudes, quoique les évaluations qui leur servent de base aient été indiquées par des hommes compétents. Toutefois, si ces inexactitudes devaient produire des augmentations de dépenses, ces augmentations seraient plus que compensées, soit par la perception du fret sur pleine charge qui est assurée, sans aucun doute, à chaque voyage, par le bas prix du *nolis*, soit par la perception du *chapeau* dont, malgré son importance, il n'a pas été tenu compte au chapitre des recettes.

Ajoutons que les recettes n'ont compris aucune subvention de gouvernements étrangers pour les services de *poste aux lettres*; et cependant le Consul général de France dans un des états situés sur le golfe du Mexique assurait, il y a peu de jours, à M. Salle, que cet état donnerait certainement, à première demande, une subvention annuelle de 150,000 fr., au moins, pour un service postal régulier par steamers touchant à son port principal.

On peut juger, par cet exemple, des recettes, non portées en compte dans ce Mémoire, que la Société H. Salle et Cie pourra obtenir, des gouvernements étrangers, pour les avantages de régulière correspondance qu'elle leur offrira.

Si donc il y a quelques inexactitudes dans les évaluations du présent chapitre, il n'y a pas lieu de s'y arrêter.

CHAPITRE VII.

ADMINISTRATION.

Frais généraux, administration, personnels, loyers, bureaux, etc., soit pour exploitation maritime, soit pour marchandises.

ÉTAT-MAJOR.

Directeur général. . . .	Paris.	30,000	48,000 fr.
Sous-Directeur général.	Paris.	18,000	
Directeurs de Succursales.	Hâvre	12,000	84,000 fr.
	Marseille.	12,000	
	Guadeloupe . . .	12,000	
	Rio-Janeiro . . .	12,000	
	Gorée (Sénégal).	12,000	
	New-Orléans. . .	12,000	
	New-York	12,000	
Agences.	Martinique. . . .	10,000	50,000 fr.
	Madère.	10,000	
	Cadix	10,000	
	La Guayra. . . .	10,000	
	Chagres	10,000	

PERSONNEL.

Paris		60,000	195,000 fr.
7 Succursales	à 15,000 fr.	105,000	
5 Agences	à 6,000 fr.	30,000	

A reporter . . . . 377,000 fr.

LOYERS ET FRAIS DE BUREAUX.

	Report.		377,000 fr.
Paris		60,000	
7 Succursales	à 12,000 fr.	84,000	174,000 fr.
5 Agences	à 6,000 fr.	30,000	
Jetons de présence et Secrétaire du Conseil			31,000 fr.
Imprévu			18,000 fr.
	Total annuel		600,000 fr.

CHAPITRE VIII.

RÉSUMÉ DES DÉPENSES ANNUELLES.

Chapitre III. Equipages	1,341,000 fr.
Chapitre IV. Frais fixes	2,145,000
Chapitre V. Houille pour navigation	4,310,000
Chapitre VI. Frais accessoires	504,000
Chapitre VII. Administration, etc.	600,000
Total PAR ANNÉE	8,900,000 fr.

CHAPITRE IX.

RECETTES.

NAVIGATION. — MARCHANDISES.

Bases :

1° Fret : Admis en moyenne comme suit (*Chapeau négligé*) :

PREMIÈRE CATÉGORIE : Grandes lignes.

De France à outre-mer. . . . . . . 30 fr. par tonneau.
D'outre-mer à France. . . . . 90 » —

Total *par voyage* . . . . 120 fr. (*Chapeau négligé*).
Soit en moyenne *par traversée*. . 60 » —

Chargement *sur* 2,000 *tonneaux disponibles*, 1,800 tonneaux *par voyage* seulement.

DEUXIÈME CATÉGORIE.

Mer des Antilles. / Grand cabotage. } par traversée, 30 fr. la tonne.

Chargement. . . { 700 ton. *par voyage* pour les petits steamers. / 1,800 — pour les grands steamers.

2° Passagers :

PREMIÈRE CATÉGORIE.

En moyenne, sur toutes les lignes. } Long cours, produit *net*, 1re classe. . 500 fr. / — — 2e classe. . 300 »

DEUXIÈME CATÉGORIE.

Grand cabotage, produit *net*,		1re classe	150 fr.
—	—	2e classe	100
Mer des Antilles,	—	1re classe	250
—	—	2e classe	150

3° Menues recettes, lettres, articles messageries :

Long cours	*par voyage*.	10,000 fr.
Mer des Antilles	—	4,000
Grand cabotage	—	4,000

APPLICATIONS :

PREMIÈRE CATÉGORIE.

1° Antilles. Fret : 1,800 tonneaux à 600 fr. (*Chap. négligé*) 108,000 fr.
Passagers : 120 1re classe à 500 fr. *net*. . . 60,000
80 2e classe à 300 *net*. . . 24,000
Articles messageries. 10,000

Total 1 *voyage*. . . . . . 202,000 fr.
Et pour 6 *voyages* par an. 1,212,000
Et pour 4 *steamers* par an. . . . . . 4,848,000 fr.

2° New-York. 1 voyage (comme pour les Antilles). . . 202,000 fr.
6 voyages — — . . 1,212,000
Et pour 2 steamers, par an. . . . . . . 2,424,000 fr.

3° New-Orléans (comme New-York). . . . . . . 2,424,000 fr.

4° Brésil (comme Antilles). . . . . 4,848,000 fr.

5° Sénégal. Fret : 1,800 tonneaux à 60 fr. (*Chap négligé*) 108,000 fr.
Passagers : 50 1re classe à 500 fr. *net*. . . . 25,000
30 2e classe à 300 *net*. . . . 9,000
Articles messageries. 10,000

Total pour 1 *voyage*. . . 152,000 fr.
Soit pour 6 *voyages* par an. 912,000
Soit pour 2 steamers, par an. . . . . . . 1,824,000 fr.

DEUXIÈME CATÉGORIE.

1° Mer des Antilles :

Fret,	700 tonneaux à 30 fr. (*Chap. négligé*)	21,000 fr.
Passagers.	80 1re classe à 200 fr. *net.*	16,000
	40 2e classe à 100 fr. *net.*	4,000
Articles messageries et autres recettes.		4,000
	Par voyage.	45,000 fr.
	12 voyages par an.	540,000
Et pour 3 steamers, par an.		1,620,000 fr.

2° Grand cabotage :

Fret, 1,800 tonneaux à 30 fr. (*Chapeau négligé*).		54,000 fr.
Passagers,	40 de première classe à 200 fr. *net.*	8,000
	20 de deuxième classe à 100 fr. *net.*	2,000
Articles messageries.		4,000
		68,000 fr.
	Soit pour 6 *voyages*.	408,000
et pour 2 steamers, par an.		816,000 fr.

TSOISIÈME CATÉGORIE.

Transit, profit d'assurances, consignations et marchandises. . . . . 500,000 fr.

Évaluation bien au-dessous des probabilités.

Nota. Les frais sont compris au chapitre VII : Dépenses.

RÉSUMÉ DU CHAPITRE.

Navigation.	Antilles.	4,848,000 fr.	18,804,000 fr.
	New-York	2,424,000	
	New-Orléans. . . .	2,424,000	
	Brésil.	4,848,000	
	Sénégal.	1,824,000	
	Mer des Antilles. .	1,620,000	
	Grand cabotage . .	816,000	
Marchandises.			500,000 fr.
	Total général des Recettes. . . .		19,304,000 fr.

CHAPITRE X.

COMPARAISON DES RECETTES AUX DÉPENSES.

Chapitre IX (Recettes)	19,304,000 fr.
Chapitre VIII (Dépenses).	8,900,000
Bénéfice général *net*.	10,404,000 fr.

Nota. L'intérêt et le remboursement des obligations, aussi bien que l'intérêt et l'amortissement des actions, sont comptés aux chapitres XI et XII (Emploi des bénéfices).

CHAPITRE XI.

EMPLOI DU BÉNÉFICE COMMERCIAL NET.

Deux hypothèses :

1° Bénéfice net, comme il vient d'être établi à ces notes, soit . . . . 10,404,000 fr.

2° bénéfice net ci-dessus, augmenté d'une subvention gouvernementale annuelle de. . . . . 6,000,000 fr.

Soit en chiffres :

Bénéfice général.	10,404,000 fr.
Subvention	6,000,000
Total . . .	16,404,000 fr.

PREMIÈRE HYPOTHÈSE (*sans subvention*).

Bénéfice			10,404,000 fr.
Int. 5 p. 0/0 sur 15 millions oblig.	750,000	1,000,000 fr.	2,040,000 fr.
Amort[t]. 5 fr. par obligation. . .	250,000		
Int. 5 p. 0/0 sur 20 millions act.	1,000,000	1,040,000 fr.	
Amort[t]. 0,20 p. 0/0 —	40,000		
Total			8,364,000 fr.
1/10 réservé			837,000
			7,527,000 fr.
10 p. 0/0 au Conseil d'administration			753,000
			6,774,000 fr.

Soit, pour 20 millions :

Dividende.	33,87
Intérêt.	5
	38,87 p. 0/0

DEUXIÈME HYPOTHÈSE (*avec subvention*).

Bénéfice.			16,404,000 fr.
Int. 5 p. 0/0 sur 15 millions obl.	750,000	1,000,000 fr.	2,040,000
Amort[t] 5 fr. par oblig. —	250,000		
Int. 5 p. 0/0 sur 20 millions act.	1,000,000	1,040,000 fr.	
Amort[t] 0,20 p. 0/0 —	40,000		
			14,364,000 fr.
10 p. 0/0 réserve. . .			1,437,000
			12,927,000 fr.
10 p. 0/0 au Conseil d'administration.			1,293,000
			11,634,000 fr.

Soit pour 20 millions :

Dividende.	58,17
Intérêt.	5,
	63,17 p. 0/0

CHAPITRE XII.

HYPOTHÈSE DE DÉCEPTION.

Le bénéfice justifié réduit à moitié sans subvention.

Bénéfice justifié (sans subvention)		10,404,000 fr.
Moitié à déduire		5,202,000
Resterait		5,202,000 fr.
Int. 5 p. 0/0 sur 15 millions obl. 750,000	1,000,000 f.	
Amort. 5 fr. par obligation . . . 250,000		
Int. 5 p. 0/0 sur 20 millions act. 1,000,000	1,040,000 f.	2,040,000
Amort. 0,20 p. 0/0 — 40,000		
		3,162,000 f.
10 p. 0/0 réserve		316,000
		2,846,000 f.
10 0/0 au Conseil d'administration		285,000
		2,561,000 f.

Soit, pour 20 millions :

Dividende	12,80
Intérêt	5
	17,80 p. 0/0

TABLE DE LA TROISIÈME PARTIE.

Lyon. — Impr. de Louis Perrin.

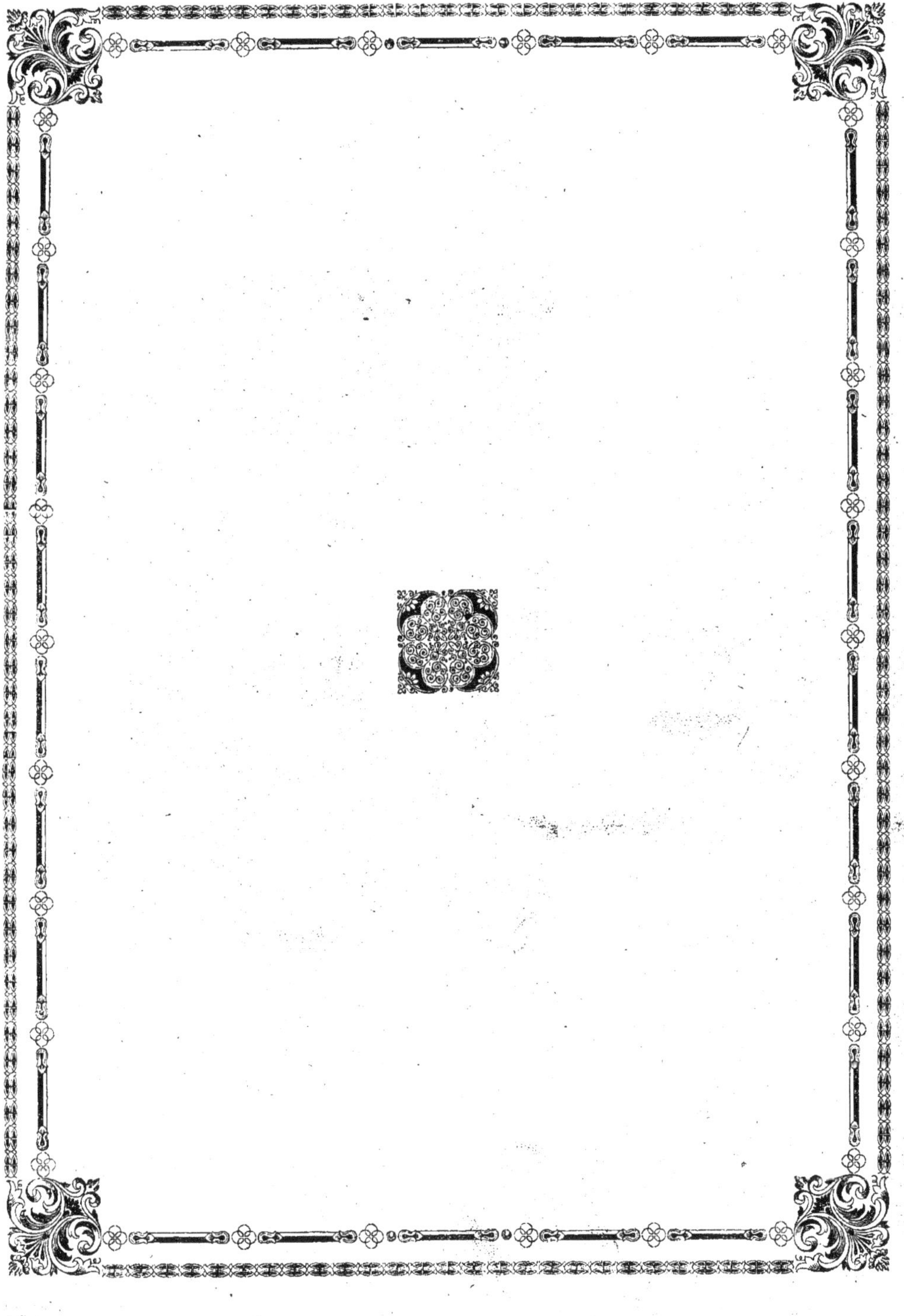

www.ingramcontent.com/pod-product-compliance
Ingram Content Group UK Ltd.
Pitfield, Milton Keynes, MK11 3LW, UK
UKHW012055240726
13965UKWH00004B/1313

9 782013 418553